创新2050：科学技术与中国的未来

中国至2050年
生态与环境科技发展路线图

中国科学院生态与环境领域战略研究组

科学出版社
北京

内 容 简 介

本报告在分析未来50年中国社会经济发展趋势的基础上，结合全球生态与环境变化的趋势，针对中国生态与环境的特点与趋势，揭示未来50年生态与环境科技领域的需求。基于国际生态与环境科技发展的态势，参考国外相关领域的路线图或战略，提出了中国至2050年生态与环境科技领域的重点研究领域和发展路线图，最后构建本路线图战略实施的保障体系。

本报告可作为科技、环保、林业、建设、国土资源等相关部门科技发展规划的参考资料，也可以供国内外研究中国中长期科技发展问题的专家学者参考。

图书在版编目（CIP）数据

中国至2050年生态与环境科技发展路线图/中国科学院生态与环境领域战略研究组. —北京：科学出版社，2009
（创新2050：科学技术与中国的未来）
ISBN 978-7-03-024828-2

I. 中… II. 中… III. 生态环境–环境保护–发展战略–研究报告–中国 IV. X321.2

中国版本图书馆CIP数据核字（2009）第102890号

责任编辑：林 鹏 李 敏 王 倩 / 责任校对：宋玲玲
责任印制：赵 博 / 封面设计：黄华斌

科学出版社 出版
北京东黄城根北街16号
邮政编码：100717
http://www.sciencep.com

北京华宇信诺印刷有限公司印刷
科学出版社发行 各地新华书店经销
*
2009年7月第 一 版 开本：889×1194 1/16
2025年4月第五次印刷 印张：11 1/4
字数：165 000

定价：168.00元

“创新2050：科学技术与中国的未来”战略研究组织

总负责

路甬祥

战略总体组

路甬祥　白春礼　施尔畏　方　新　李志刚　曹效业　潘教峰

生态与环境领域战略研究组

组　长　赵景柱　中国科学院城市环境研究所

成　员　朱永官　中国科学院生态环境研究中心、中国科学院城市环境研究所

曲久辉　中国科学院生态环境研究中心

刘国彬　中国科学院水利部水土保持研究所

于贵瑞　中国科学院地理科学与资源研究所

王会军　中国科学院大气物理研究所

陈运法　中国科学院过程工程研究所

杨桂山　中国科学院南京地理与湖泊研究所

韩兴国　中国科学院沈阳应用生态研究所

崔胜辉　中国科学院城市环境研究所

总　序*

中国的现代化是人类现代化进程中的大事件、大变革。中国科学院决定面向中国现代化进程开展重要领域科技发展路线图研究，这项工作的思路和起因究竟是怎样的？是不是有道理？是不是应该做？我觉得这是很基本、很重要的。

一、开展中国至2050年重要领域科技发展路线图研究的重要性

温家宝总理亲自担任组长，全国两千多位专家直接参加，经过两年多的工作，制定了到2020年的国家中长期科技发展规划纲要。所以，到2020年以前中国科技发展已经有了蓝图。那么，为什么还提出研究我国至2050年重要领域科技发展路线图这样一个问题呢？

2007年夏季，在研究中国科学院未来科技发展战略重点时，我们感到有一些问题必须要从更长远考虑，比如能源问题。能源问题过去也有15年的战略研究，但是主要还是研究如何利用好煤，怎样开发利用好国内外两种油气资源，怎样能够有限地发展核能，对可再生能源只是作为一种补充性的、方向性的能源，并没有将其摆到未来能源支柱的位置上。近年来，世界各国越来越关注温室气体排放问题，应对全球气候变化成为重要议题，这背后其实主要还是能源结构问题。这就使我们认识到，必须高效清洁利用化石能源，以减少对环境的影响，但是，化石能源

* 该总序为路甬祥院长在2007年10月中国科学院组织的“中国至2050年重要领域科技发展路线图”第一次交流研讨会上的讲话。文字略有删减。

时代终究要过去，悲观估计有100年左右，乐观估计还有200年左右。油气资源可能首先逐步走向枯竭，然后是煤资源。人类不得不走向以可再生能源为主体、核能为补充的能源体系。现在各国政府都在积极准备，欧洲走得最快，美国现在态度也有变化，就是在利用好化石能源的同时，加大对可再生能源的开发力度，加大对先进核能的研究开发力度，逐步向可再生能源方向过渡。这个时间跨度可能50年，也可能100年。由此带来的科学技术问题非常多，譬如在基础研究领域，物理学家、化学家、生命科学家要研究新一代的光电池、染料敏化电池、高效的光化学催化和储存、高效的光合作用物种，或者通过基因工程创造高效的光合作用物种，而且这种生物物种又不与粮油争土地争水分，能够利用坡地、盐碱地或者半干旱土地等生产人类所需要的能源。同时，未来能源的整体结构要发生改变，现在能源是比较稳定的系统，以后可能是大量的不稳定系统，可能要发展分布式能源体系，发展更高效的直流传输和储能技术，解决网络的控制、安全、可靠性问题，还要解决二氧化碳捕捉、储存、转化、利用方面的问题，这里面隐含着大量的科技问题，几乎涉及所有学科。所以，能源问题引起的从基础到应用方面的研究，整体的、结构性的变化和冲击恐怕是很普遍、很大的，而这个时间跨度是50年或者100年。以核能为例，从布局到重大技术突破往往需要20年乃至更长时间，而商业化大规模应用也大致需要20年乃至更长时间。如果我们现在不前瞻布局，未来就会落后。法国已经做到第三代、第四代裂变能核反应堆，制定了到2040年、2050年的路线图。我们还没有认真做。为国家利益着想，中国科学院应该考虑这些问题，应该做前瞻的研究工作。

这次战略研究中涉及的十几个领域，只考虑近期或者中近期是不够的。比如农业，在过去，我们考虑要增产，后来讲优质，主要还是讲粮食和农副产品；在未来，肯定要走生态高值农业之路，需要多样化技术才能满足。日本、丹麦等发达国家开始用畜牧业来做生物反应器和农药，日本开始用植物来做生物反应器，它比用动物来做更安全、成本更低。用无菌暖房种番茄、草莓、马铃薯等典型物种，通过转基因技术来生产高附加值产品。中国农业不仅要解决十几亿人口的粮食问题，也要考虑农副产品的增值问题，考虑农业的高技术发展问题。未来的农业还要生产一部分能源和工业所需要的原料，未来人类生存发展所需要的大量的材料可能从农业来。这些前瞻性的问题，现在一些发达国家已经在做，而我们过去考虑得不够。

还有人口问题。当年中国人口政策的失误要纠正过来，要到21世纪末才有可能回归到10亿左右人口，其带来的老龄化问题则很可能到22世纪才能得到化解。现在人口健康也面临许多新的挑战，我们是否现在就要研究未来50年应该采取的一些对策，13亿或15亿人口怎么能够享受到公平的、基本的公共卫生和医疗保障？必须发展先进的能够普及的健康科学和诊断治疗保健技术。随着社会进步和环境改善，发达国家的主要疾病从感染性疾病逐步转变为变异性疾病、代谢性疾病，研究重点也随之发生转变。很多问题世界上也没有解决，要从基础研究做起。

空天海洋是未来人类新拓展的发展空间和重要资源。在空天领域大家比较关注的有载人航天计划、嫦娥计划，可以做20年或25年。中国的空间技术究竟要走什么道路、什么目标？是不是走发达国家走过的老路？值得我们认真研究。现在空间运载工具的主流技术基本是化学燃料发动机推力火箭，以后的深空探测，是否还依靠化学燃料发动机？还是要发展新的等离子推进、核能推进、太阳风动力推进技术等？过去，这些问题只有少数科学家在想，我们在整体上没有战略性的前瞻研究和部署。海洋有丰富的矿产资源、油气、天然气水合物，还有大量的生物资源、能源，包括无光照条件下生物进化过程，都值得我们去探索。最近有许多国家出台了新的海洋战略规划，俄罗斯、加拿大、美国、瑞典、挪威都已加入争夺北极的行列。这方面我们有一点规划，但是很有限。

在国家与公共安全领域，安全的概念也在发展，包括传统安全与非传统安全，传统安全主要是外族入侵、战争威胁，现在的安全问题有自然原因的、人为原因的、外部的、内部的，还有生态的、环境的，网络发展以后，虚拟的安全问题也出现了。要从人类文明历史的长河角度观察分析矛盾的起因，从科技进步的角度提供解决问题的手段和方法，注重消除危及安全的根源，要在解决矛盾的同时更加珍惜生命。

总之，从面向未来中国的发展、面向未来人类的发展看，都需要我们开展前瞻的战略研究。过去250年工业化的发展，只解决了不到10亿人口的现代化问题，主要集中在欧洲、北美、日本和新加坡。今后50年，可以肯定的是，包括中国十几亿人口在内，至少有20亿、很可能有30亿人口，通过实现小康走向现代化，比过去250年要多2至3倍，这将为世界发展注入新的动力和活力，但也必然对地球的有限资源和生态环境带来新的挑战。需要找到新的发展模式，才能使生活在地球上的人类能够公平地分享现代文明的成果。这就要求我们要面向中国现代化建设进程，前瞻思考世界科技发展大势、前瞻思考人类文明进步的走向、前瞻思考现代化建设对科技的新要求，研究制定未来50年重要领域科技发展路线图，理清其中的核心科学问题和关键技术问题及其实现途径，为国家科技战略决策提供依据。

二、制定中国至2050年重要领域科技发展路线图的可能性

过去有一种观点认为，科学很难预见，它是随机发生的，主要依靠科学家的创造性思维；技术可以预见，但是有人说最多可以预见15年。我们做了一些思考，看来适当地前瞻领域方向还是可能的。比如，需求推动下的能源问题。随着化石能源的枯竭，更多的聪明人就想，要解决高效的太阳能薄膜材料和器件，要筛选或发展新的物种，把太阳能转化为高生物量。因为需求的推动，有更多的资源投入到这些方向，所以可以预见，在未来的50

年，可再生能源领域、核能领域一定会有新的突破性进展，大方向也是确定无疑的。比如，在太阳能方面，就是提高光电转化效率、光热转化效率。但具体技术路径可能有多种，如可能通过改变太阳能电池表面的形貌，经过反射能够更高效地全光谱吸收；可能把功能性薄膜建成多层，有透射有吸收；还有可能采用纳米技术、量子调控等。过去我们考虑量子调控，主要是要解决以后的信息功能材料，这是不够的，是否要有相当一部分量子调控的研究转移到能源问题上来，或者以能源为背景开展基础前沿的探索。

在计算机领域，我们过去的习惯是跟踪，现在我们要有信心前瞻，考虑未来的发展。这是可能的，并不是胡思乱想。要组织信息科技专家与物质科学和生命科学专家共同思考，进行前瞻性的探索。2007年诺贝尔物理学奖授予巨磁阻的发现者，现在这项技术已经用在硬盘存储上了，而这一发现是在20年前做出的。我们的初步结论是，做长周期的前瞻，做突破常规的科学思考和技术预见是可能的，通过战略研究，在长远目标指导下制定路线图也是可行的，比如说，到2020年为一个阶段，到2030年或2035年为一个阶段，然后再前瞻到2050年。

我们还可以分析其他领域，都能找到可能性。最重要的是要解放思想，当然也要尊重客观规律，不能胡思乱想。党的十一届三中全会确定了解放思想、实事求是的思想路线，中国才有今天的发展。我们就是要打破条条框框的束缚，根据中国的实际来探索发展的道路。科技发展的历史也无数次证明，只有不断地前瞻，不断地解放思想，打破已有常规，才有可能促进新的发现和新的突破。确定方向和领域，加大在这方面的支持强度，吸引更多的优秀科学家投入相关研究，这与需求牵引和自由探索并不矛盾。

三、中国科学院开展中国至2050年重要领域科技发展路线图研究的必要性

为什么我们要发起这项研究？中国科学院是国家科研机构，要作基础性、前瞻性、战略性贡献，要发挥骨干和引领作用，不往前思考怎么引领？从中国科学院自身发展来看，也很有必要，要以发展的眼光，站在世界科技发展的前沿，来思考知识创新工程三期以后做什么，是按着惯性走？还是想着国家民族的未来，在各领域提出我们的见解，逐步调整我们的结构，改革体制，把中国科学院创新能力提到一个新的发展阶段，把我们的科学使命、技术使命提到新的高度？显然，后者是积极的、有希望的、必须的。世界科技发展日新月异，在全球经济发展的态势下，如果不发展就会落后，如果不前瞻就会失去先机。我们做科技创新，必须不断地团结奋斗，打破陈规，不受干扰，不僵化，不停滞，这也是我们自身发展的需要。

这次路线图研究要站在国家和全局的角度，使这些战略研究报告成为国家更长远的发展规划的重要内涵，所提出的目标不一定是中国科学院都可以做的，我们不能包打天下。我们可以选择一些有能力做的进行前瞻布局，到时候就很自然地形成2010年以后中国科学院各个领域的发展目标和发展重点，很自然地形成我们改革调整的方向。

如果把长远目标和路线图搞清楚了，实现它还是要有体制机制、人才队伍、资源来源与配置等的保证。我们还要研究未来30～50年世界的创新体系和机制究竟会发生什么变化？是不是还是由大学、研究机构、企业组成？研究所会不会发展成为网格式的结构？基础与高技术融合的前沿研究、前沿研究与产业化迅速过渡与衔接的转化型研究，会不会在某些领域发展成为主流？未来创新体系的人才构成与人才激励机制、更新机制有什么新的发展变化？创新资源的投入来源与结构会有什么变化？如果我们把这些问题搞得比较清楚、比较前瞻，而且大胆地在某

些研究所进行试点，就可能走出一条有竞争力的、有更好发展态势的路子来。

社会的变革是无止境的，科技各领域也有无止境的前沿，创新体制与管理也要不断发展。中国科学院不能停止，必须要前进，科学技术要前瞻，组织结构、人才队伍、管理模式、资源结构也要前瞻，这样我们才能始终站在时代的前沿，不断发挥在国家创新体系中的骨干和引领作用，有些领域在国际上起引领作用也不是不可以设想的。这是我们这次组织科技路线图战略研究基本的出发点。

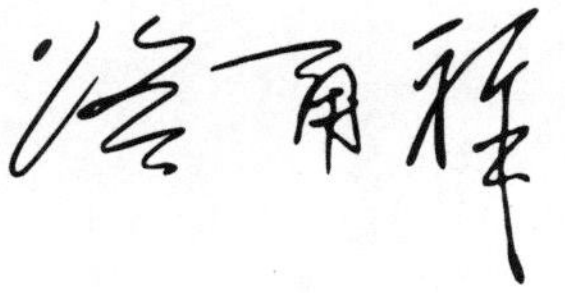

总 前 言

中国科学院是国家科学思想库,为国家科技战略决策提供科学依据、引领中国科学技术的发展,是我们的重要责任。

2007年7月,路甬祥院长提出:“看来在创新为科学发展观落实这一大题目之下,还要深入进行战略研究,刻画出未来20~30年的路线图(Roadmap)和关键科技创新领域来。并组织院内外专家深入讨论,进一步凝聚创新方向和目标。我们再也不能只讲自由探索,只讲论文数量和质量,只满足于‘PI制’模式了。必须根据国家社会未来发展需求,尤其是经济持续增长和竞争力提升,社会持续和谐发展,生态环境持续进化和人类社会相协调的重点目标出发进行研究和归纳。”

2007年7月,中国科学院院务会议决定,根据国家社会未来发展需求,从经济持续增长和竞争力提升、社会持续和谐发展、生态环境持续进化与人类社会相协调等三大目标出发,开展面向未来的科技发展路线图战略研究。

2007年8月,路甬祥院长进一步提出:“战略研究看来还是要前瞻研究2050年世界、中国、科技。一是研究2050年的世界,分别从经济、社会、国家安全、生态与环境、科学技术进行前瞻,尤其要研究能源、资源、人口、健康、信息、安全、生态与环境、空间、海洋等,预测未来,了解面临的机会和挑战。二是研究未来2050年我国经济社会发展的前景和挑战,包括:经济结构、社会发展、能源结构、人口健康、生态与环境、国家安全、创新能力等应达到的目标和实现途径,科学技术需要给予的支持。三是研究科学发展对科学技术的指导作用,包括以人为本、科学与技术、科技与经济、科技与社会、科技与生态环境、科技与文化、自主创新与开放合作等。四是研究科技对科学发展的支撑作用，包括支撑经济结构优化和增长方式的转变，农业发展、能源结构、资源节约、循环经济、知识社会，人与自然的和谐协调，区域发展的协调，和谐社会和国家安全，国际交流与合作。在此基础上再进一步明确我院的定位和职责。"

其后，中国科学院启动并组织开展了中国至2050年重要领域科技发展路线图战略研究，分18个领域进行，包括：能源、水资源、矿产资源、海洋、油气资源、人口健康、农业、生态与环境、生物质资源、区域发展、空间、信息、先进制造、先进材料、纳米、大科学装置、重大交叉前沿、国家与公共安全。该项研究集中了中国科学院300多位高水平科技、管理和情报专家，其中包括近60名院士，涉及80多个研究所。

经过历时一年多的深入研究，各领域研究组取得了实质性重大进展，基本理清了至2050年中国现代化建设对重要科技领域的战略需求，提出了若干核心科学问题与关键技术问题，从中国国情出发设计了相应的科技发展路线图，形成了18个领域中国至2050年科技发展路线图的战略研究报告。在此基础上，路甬祥院长领导战略总体组和起草组完成了《迎接新科技革命挑战，支持科学与持续发展》的战略研究总报告。这些研究报告将以"《创新2050：科学技术与中国的未来》中国科学院战略研究系列报告"的形式陆续出版。

这次战略研究的鲜明特色是采用了科技路线图的方法。科技路线图研究有别于一般的规划和技术预见，它包含了满足未来发展需求的科学和技术，以及实现这些目标所选择的路径，描绘环境变化、研究需求、科技发展方向、创新轨迹、技术演进等。以路线图为基础的科技规划，科技目标更加清晰，与市场的结合更加紧密，选择的方向、项目间更有内在联系和更加系统，实现目标的途径更加明确，规划的操作性更强。我们借鉴国际上制定路线图的方法，吸纳我国进行科技战略规划的成功经验，在研究实践中形成了制定重要领域科技路线图的系统方法。

一是建立重要领域科技发展路线图战略研究的组织体系。成立战略总体组，路甬祥院长总负责，白春礼、施尔畏、方新、李志刚、曹效业、潘教峰参加。成立总报告起草组，负责总报告的研究与撰写。规划战略局作为主管部门，具体负责路线图研究的组织与协调，通过组织研究队伍、明确节点目标、提出任务要求、提供研究方法、组织集中研讨、进行独立评议、参与研究工作等方式，保证了重要领域科技发展路线图战略研究工作的顺利开展。

二是明确重要领域科技发展路线图的基本要求。集中从国家层面考虑问题，分近期（2020年前后）、中期（2030年前后或2035年前后）、长期（2050年前后）三个阶段，描绘相关领域的需求、目标、任务、途径，重点刻画核心科学问题和关键技术问题，总体上体现方向性、战略性、一定的可操作性。提出路线图研究的基本框架。

三是组织好重要领域科技发展路线图战略研究队伍。建立集战略科技专家、一线中青年专家、情报专家和管理专家为一体的专题研究组持续开展研究。选择具有战略眼光、强烈的责任心和组织协调能力的战略科学家作为研究组负责人，把握好研究的整体和方向。在主要方向上，选择一线高水平科技专家作为骨干，使战略研究工作建构在最前沿研究基础之上。各研究组均配备文献情报专家，采用数据挖掘与分析等战略情报工具，提高研究效率和系统性。参加研究的科技管理专家着重开展国家战略需求和可操作性研究。

四是建立多层次、经常化交流研讨机制。将交流研讨作为确定研究节点和推动研究工作的抓手。组织开展了五个层次的交流研讨，包括：第一，集中交流研讨。2007年10月、12月和2008年6月组织了三次交流汇报会，18个领域研究组负责人和主要科技专家、中国科学院相关院局领导参加，相互交流、相互促进、寻求共识，进一步明确研究方向。路甬祥院长在三次研讨会上，系统阐释了路线图研究的重要性、必要性和可能性等，并对各研究组的研究工作进行点评，有力地促进了研究工作的深入开展。第二，专题研讨。战略总体组组织相关研究组的战略科技专家，围绕我国八大经济社会基础和战略体系的构建进行专题研讨，着重刻画了至2050年依靠科技支撑我国现代化进程的宏观图景、八大体系的特征与目标，提炼出影响我国现代化进程的22个战略性科技问题。第三，研究组层面的交流研讨。各领域研究组根据具体领域内容又分成若干研究小组，通过集中研讨、分小组研究、综合集成等形式，组织本组专家深入研究。一些研究组在集中研讨时还根据研究主题，吸收相关领域的专家参加研讨。初步统计，研究组层面的集中交流研讨约70次。第四，相关研究组之间交流研讨。采取相关研究组自发组织和规划战略局协调组织等方式，组织跨领域、跨研究组的交叉研讨，使相关领域的研究相互协调。第五，一些研究组以召开领域发展战略研讨会等方式，吸纳国内外专家的意见。

五是建立重要领域科技发展路线图评议机制。为保证各领域战略研究报告的质量，加强相关领域的协调，2008年11月，规划战略局组织了重要科技领域发展路线图战略研究评议工作，近30位评议专家和50位研究组专家参加研讨。评议分资源环境、战略高技术、生物科技和基础研究等4个大组进行，评议专家听取了相关研究组的报告，对报告的总体情况、创新点、存在的问题进行了评议，并提出了许多建设性意见和建议。评议结果形成书面评议意见，反馈给相关研究组修改。

六是建立重要领域科技发展路线图持续研究的机制。从路线图研究的特点看，为适应世界科技和国家需求的迅速变化，需要持续研究，3～5年修订一次。为此，需要从组织和队伍上保持一批战略科技专家持续关注和研究国家长远发展的重点科技领域和重大科技问题；同时，在持续战略研究中，培养和造就更多的战略科技专家。

这套系列报告是中国科学院立足当前、展望未来、凝聚专家智慧的报告，体现了一丝不苟、严谨求实的治学作风。在此，向参与研究和咨询评议的专家表示衷心的感谢。正是他们的辛勤劳动和共同努力，才使得这套系列报告在一年多的时间内就得以公开出版、与社会见面。

准确预见未来发展是一件令人激动而又相当困难的事情。这次战略研究涉及领域众多、时间跨度大、研究方法新，加之认识和判断本身上的局限性，系列报告还存在不足之处，欢迎国内外各方面专家、学者不吝赐教。需要说明的是，报告中提到的未来50年是指到21世纪中叶。

系列报告的出版，不是研究的终点，而是新的起点，我们将在此基础上持续深入开展重要领域科技发展路线图战略研究，并适时发布研究成果，每5年修订一次相关领域科技发展路线图，为国家宏观科技决策提供科学建议，为科技管理部门、科研机构、企业和大学等进行科技战略选择提供参考，使社会和公众更好地了解科技对我国现代化建设至关重要的作用。

总报告起草组

2009年2月

前　言

当今世界，科技发展日新月异，已经并将深刻地改变世界经济社会的面貌。面对全球经济和科技一体化与新科技革命带来的重大历史机遇和挑战，党中央、国务院作出了建设创新型国家的重大战略决策，提出要坚持自主创新、重点跨越、支撑发展、引领未来的指导方针，对我国科技发展作出总体部署，把握科技发展的战略重点。

我国的社会经济已经进入了快速发展的轨道：2020年我国将初步实现小康社会的建设目标，2030年我国人口将达到高峰，2050年我国将会达到中等发达国家的水平。随着经济和社会的发展，我国的资源需求和消耗将会不断增加，人地关系和经济开发与生态保护的冲突会越来越大，人们对生态环境质量的要求会不断提高，维持稳定、良好的生态环境任务将越来越重并面临各种挑战。因此，《国家中长期科学和技术发展规划纲要(2006–2020年)》已经将生态与环境保护列为重点领域之一，要求实施区域环境综合治理，开展流域水环境和区域大气环境污染的综合治理、典型生态功能退化区综合整治的技术集成与示范，开发饮用水安全保障技术以及生态与环境监测和预警技术，大幅度提高改善环境质量的科技支撑能力[1]。然而对于更长时间尺度(至2050年)的生态与环境科技领域发展路线图的制定却还未开展。

生态与环境领域是18个重点科技领域之一。本研究报告一方面面向未来50年我国社会经济发展的科技需求；另一方面与中国科学院知识创新工程第四期的科研方向和任务结合起来，形成今后生态与环境科技领域的发展战略。

从历史发展看，一部社会发展史，就是一部创造发明史。从当今科技发展新变化、新趋势看，创新的周期越来越短，对经济社会发展的几何效应越来越大。一方面，科技的发展推动了经济社会的发展；另一方面，人类文明的需求也是推动科学思维与技术创造的动力。因此，制定中国生态与环境科技发展路线图必须对未来人类文明的需求进行思考，这不仅要考虑地球系统的演变(包括全球环境的变化及叠加人为活动后的情景变化)，而且要针对未来经济社会发展中可能存在的问题，进行前瞻性的科学思考。

重要的科学发现将改变人类对世界的认识，这是我们进行科学探索的价值所在。技术进步虽然促进了生产力的发展，但技术双刃剑的特性也需要我们审视技术进步带来的负面效应。如生物技术中转基因的生物安全性，信息技术带来的电子废物的处置与资源化技术，纳米技术中纳米颗粒物的生物毒性，新的化学品/药物(如抗生素等)造成的环境与健康效应等。

本研究报告在分析未来50年中国社会经济发展趋势的基础上，探讨其对生态与环境变化的驱动作用，结合全球生态与环境变化的趋势，针对中国生态与环境的特点和趋势，明确未来50年生态与环境科技领域的需求，同时分析国际生态与环境科技发展的态势，参考国外相关领域的路线图战略，提出中国至2050年生态与环境科技领域的重点研究领域和发展路线图，最后构建路线图战略实施的保障体系。

本研究报告是在四次课题组会议讨论和一次专家讨论会的基础上形成的，所设立的重点研究领域共有八个，分别是全球气候变化及其生态学过程(由王会军、于贵瑞供稿)，退化生态系统修复与生物多样性保育(由刘国彬、韩兴国供稿)，土地/流域/海岸带生物地球化学过程(由杨桂山供稿)，城市化与环境质量(由赵景柱供稿)，环境污染控制与修复(由曲久辉供稿)，清洁生产与循环经济(由陈运法供稿),环境污染与健康(由朱永官供稿),先进监测与预报技术(由朱永官供稿)。本报告最后由赵景柱统稿。

本项目研究过程中,得到了中国科学院规划战略局的资金资助和支持以及秦大河院士的关心和协助,并得到新疆分院张小雷和陈曦研究员的帮助;新疆生态与地理研究所对项目专家组会议的承办给予了大力支持,在此一并表示感谢。

中国科学院生态与环境领域战略研究组

2009年4月

目　录

[redacted]

未来50 年，甚至更长时间内，伴随我国经济社会的高速发展，生态与环境对经济和社会的瓶颈制约与胁迫影响将日益严峻。面对这一重大挑战，必须明确未来生态与环境科技发展的总体战略，从前瞻性、战略性、全局性高度对生态与环境科技的发展认真分析、提前部署和科学规划，使生态与环境科技适应人口增长与城市化、经济发展、能源与资源消耗及全球变化等要求，为我国未来经济社会发展提供更大的空间。

当前已经有不少国家和国际组织开展了生态与环境相关领域的科技发展路线图的研究工作，如欧盟的《环境技术行动计划》、《新西兰环境科学研究路线图》、世界自然基金会的《生命行星路线图》、美国的长期生态研究网络与国家生态观测系统战略等，这些路线图和研究战略可为本路线图战略研究提供参考。

至2020年中国人口将控制在14.5亿以内，城市化率将达到55%；2030年人口超过14.5亿，城市化率达到65%；2050年人口达到15亿，城市化率将达到70%以上。可以预见，中国在未来50年，随着人口增多、城市化继续快速发展、经济高速增长、产业结构转变和消费方式的改变，中国将面临更为严重的环境挑战，生态与环境问题更加突出。而在全球范围内，气候变化、物种灭绝、越来越多的人口需要养活等威胁地球的主要问题中有许多尚未解决，而且所有这些问题都将人类的生存置于危险的境地。

国际生态与环境科技发展呈现出以下态势：①减缓与适应全球气候变化已成为地球系统科学研究的焦点；②生态系统与人类福利关系成为国际生态学研究的主要对象；③生态系统与

人类活动、自然系统与经济系统的集成研究成为解决全球生态问题研究的主体思路；④定量评估和科学预测生态与环境变化成为生态学研究追求的科技目标；⑤生态系统联网观测、模拟实验和虚拟数值模拟成为综合生态问题的主要手段；⑥基于物质循环的环境技术/绿色技术成为解决环境污染问题的根本途径；⑦兼顾生态系统和人类自身健康成为环境健康研究的主旋律；⑧多尺度环境生物地球化学过程、机制及其耦合特征研究与建模是解决区域环境问题的根本出路。

未来50年经济社会发展及科技发展驱动的科技需求包括：①为生态文明和生态工程建设提供科技支撑；②为自然资源管理、优化配置和区域可持续发展提供科技服务；③为生态环境建设提供科学知识和配套技术；④满足应对全球环境变化和全球经济一体化的科技；⑤为履行国际公约和国际合作提供科技支持；⑥为国家积累长期空间化的科学数据，推动地球系统科学发展；⑦保障环境安全；⑧维护生态系统健康。

结合国家已有的科技发展规划，依据上述对中国至2050年经济社会发展和科技发展驱动的科技需求，提出了以下八大生态与环境的重点研究领域：①全球气候变化及其生态学过程；②退化生态系统修复与生物多样性保育；③城市化与环境质量；④土地/流域/海岸带生物地球化学过程；⑤环境污染控制与修复；⑥清洁生产与循环经济；⑦环境污染与健康效应；⑧先进监测与预报技术。八大重点领域的共性技术路线包括：①多学科综合发展高新技术；②构建生态与环境监测平台及系统理论；③实现数据整合与系统模拟。

中国生态与环境科技发展路线图战略实施的总目标是：2020年前后基本遏制中国生态与环境退化的趋势；2030年前后实现典型退化生态系统的恢复和污染环境的修复；2050年前后实现环境优美、生态健康，达到发达国家中等水平。

中国生态与环境科技发展路线图战略将通过以下六个方面建立保障体系，予以实施：①设立以方法论研究为目标的大型研究计划；②建立以问题为导向的跨学科生态与环境基础研究平台；③以科学发展观为指导，构建2～3个多目标优化的综合试验示范区（城市）；④成立国家生态与环境立体监测–数据集成–系统模拟三位一体的试点中心；⑤联合周边国家建立全球变化亚洲中心。

第一章

生态与环境科技发展路线图研究意义

未来50年，甚至更长时间内，伴随中国经济社会的高速发展，生态与环境的瓶颈制约和胁迫影响将日益严峻。面对这一重大挑战，必须深入贯彻邓小平理论、“三个代表”重要思想和党的“十七大”精神，以科学发展观为指导，在全面落实《国家中长期科学和技术发展规划纲要(2006–2020 年)》[1]和《中国科学院资源环境领域中长期科技发展战略规划》[2]的基础上，明确未来生态与环境科技发展的总体战略，从前瞻性、战略性、全局性高度对生态与环境科技的发展认真分析、提前部署和科学规划，使生态与环境科技适应经济发展、人口增长与城市化、能源与资源消耗及全球变化等的要求，为中国未来经济社会可持续发展和人体健康提供理论和技术支撑。

中国生态与环境科技发展路线图战略研究的意义主要体现在以下几个方面：

一、保障国家生态与环境安全

我国大部分地域自然环境先天脆弱，人口压力大，经济发展快速且发展方式不尽合理，致使我国生态系统退化十分严重，环境污染不断加剧，环境健康问题日渐突出，全球变化所引起的生态与环境问题不断加剧。面对这些问题，我们必须科学地从源头保护生态，恢复已退化的生态系统，治理与修复已经被污染的环境并防止产生新的污染，阻断和减轻污染对生态系统和人类健康的危害，积极主动地应对全球变化对地球系统的影响，保障国家生态与环境安全。

经济合作与发展组织（OECD）中国环境绩效评估

自从1978年中国实施改革开放以来，经济取得了令人瞩目的成绩。在过去的15年中，经济年均增长率达到10.1%。中国已经成为世界上第四大经济体。大量的境外投资和不断增长的市场驱动力促使中国融入全球经济当中。在这一过程中，大量的人口摆脱了贫困。但是，中国拥有大约世界20%的人口，人均GDP仍然较低(按照2000年的购买力评价标准，中国人均GDP为6000美元，而OECD国家为25 000美元)。从富裕的沿海省份到相对欠发达的西部省份，贫富的地域差距较大。人口的大量迁移带来了快速的城市化进程(目前的城市化率为43%)，城市和农村地区的收入差距在加大。贫困仍然是中国农村地区面临的严峻挑战。快速的经济增长、工业化和城市化给环境带来了巨大的压力，给人体健康和自然资源带来危害。中国政府已经认识到了环境的退化问题，正在向更加均衡的发展模式迈进，提出了“和谐社会”和“科学发展观”的理念。采取的对策包括制定国民经济和社会的发展规划(包含加强环境管理)，制定现代化的环境法律，加强环境机构建设，将环境和自然资源管理置于较高的优先地位。尽管如此，中国某些城市的大气污染仍然位于世界最糟糕的城市之列，能耗强度比OECD国家平均水平高20%左右，1/3的水域受到严重的污染。废弃物管理、荒漠化治理和自然与生物多样性保护都面临着挑战。中国经济的快速发展带来的环境压力和对能源与其他资源的需求，更加凸现了当前全球生产与消费模式带来的环境可持续性问题。

大气环境方面，2005年，大约有60%的县级以上城市空气质量达到国家 II 级环境质量标准，满足“十五”计划提出的50%的目标。城市大气二氧化硫浓度自20世纪90年代初开始持续下降以来，2002 年又呈现上升趋势。2000～2004年，全国固定源二氧化硫排放增加了13%，因此没有能够实现“十五”计划中提出的10%的削减目标。在大气污染控制区内，二氧化硫排放减少了2%而不是计划的20%。同样的，受到酸雨严重影响的城市比例在2000年2%的低水平上，2004 年又提高到了10%。现在的污染物排放削减目标不足以满足大气环境质量标准的要求。到目前为止，对于挥发性有机物(VOCs)和有毒大气污染物的控制还没有给予足够的关注。大气污染法规和许可证没有得到很好的执行。中国的单位GDP能源消耗强度高出OECD国家平均水平的20%，在经历了绩效评估时段初期的下降后，在2001年又开始回升。降低经济发展的能源消耗强度已经被中国政府摆到了最重要的位置，尤其是根据预测，到2020年，需要2倍的初级能源的供应量以满足4倍的GDP增长(与2000年相比)。但是，在2006～2010年降低能源消耗强度的20%将是一个很大的挑战，尽管存在着潜在的多方面的效益(例如，减少传统的大气污染物排放；减少温室气体排放，提高能源自主与安全性；提高经济效率)。中国没有实现原煤入洗率50%的目标，安装烟气脱硫装置的比例也低于预期。尽管汽车拥有者仍然较少，但是机动车数量在1995～2000年翻了一番，机动车污染已经成为城市大气污染的最主要来源；城市交通效率正在逐步降低，城市大容量交通并没有受到足够的重视，自行车的使用也在下降；燃油的质量较差(例如硫含量较高)。

中国的水环境状况值得高度关注。首先，由于农业、工业和生活的污染排放，部分河流、湖泊和沿海水体受到严重污染。污染已经使得水生态系统严重退化，对人类健康构成了主要威胁，并有可能影响到经济增长。使用未经处理的水影响了发展，尤其是在那些贫困和欠发达的地区，需要继续对水服务进行大规模投资：①在城市地区进行投资储备并满足大规模的农村移民的需求；②在农村地区，投资时考虑可承受能力的问题；③在欠发达地区，采用发展援助或转移的形式。其次，中国人均水资源占有量很低(世界平均水平的1/4)，并且分布极不均匀(例如，北部和西部地区仅占1/10)，在600多个城市中，400个面临着水资源短缺的问题。再次，随着地表水的污染和匮乏，在很多农村和城市地区，对地下水的需求远远超过了再补给率。维持城市和农业用水的高(且低效)水平是不可能的。国家正在实施一巨大的项目，到2020年每年将有超过400亿m^3的水从长江流域调到北方平原地区。但是，如果不对城市、工业和农村用户进行严格的需求管理，没有水资源的可持续的使用，调水工程仍然不能满足经济增长和生态恢复的需求。最后，中国大约70%的水用于农业，灌溉面积占耕地面积的40%。农业和农村居民(缺乏污水系统)是主要的污染来源。为了使水管理更加可持续，农业用水需求必须下降，面源污染必须得以识别并加以预防。

废物安全处理和处置能力有待提高。很多废物在指定地点存放以等待处理(例如，接近50%的城市废物)，还有部分废物以非受控制的方式倾倒。城市周边随意堆放的快速增加，给人体健康和环境带来了风险。“十五”计划中制定的城市垃圾填埋量150kg/d的目标没有能够实现。在评估时间段中，废物总的产生量提高了80%。与大气和水环境管理相比，在国家政府投资基金分配上，废物管理仍然是一个“穷表弟”。废物收费远低于废物管理的运行费用，而且地方部门在征收上存在困难。总的来看，重点过于集中在垃圾填埋上(占到城市最终废物的44%)，分类收集和资源循环利用效果不理想。焚烧和堆肥仅仅分别占到城市废物处理的3%和5%。废物管理的责任分散在很多机构中。执法力度不够，对大企业和中小企业没有明显区别。

资料来源：OECD中国环境绩效评估——结论和建议(终稿). 2007. 经济合作与发展组织(OECD)环境绩效工作会议

二、促进合理城市化与区域可持续发展

城市化深刻地改变了人地关系地域系统的基本结构和演化过程。目前盲目的城市化、无序的区域发展，是加剧中国人与自然矛盾冲突、制约中国现代化建设进程的两大症结所在。区域可持续发展战略的实施将对塑造一个体现生态文明的陆地表层开发利用新格局产生深远的影响，而落实科学发展观、构建和谐社会，迫切需要在城市化和区域可持续发展领域建立强大的科学支撑体系。合理的城市化道路选择与区域可持续发展，需要掌握生态、环境状况及其与社会、经济的相互关系，需要科学规划。

中国可持续发展领域存在的八大主要问题

一、在环境保护和可持续发展领域的宏观协调能力有所降低，包括国家环保总局地位偏低。

二、新型工业化的理念虽先进，但实现新型工业化缺少具体的路径指导。

三、可持续城镇化道路尚未确立，资源环境保护没能适时融入城市发展的主流工作。

四、在节能减排领域，效率指标比较符合实际，而在减排方面采取的总量指标需要付出高昂的代价。

五、许多政策决策没有建立在完善的基础数据和信息的基础上，政策目标的确定和决策过程过于简单，缺少真正独立的论证制度与合理程序，使有限的资金不能实现优先的政策目标。

六、生态保护与建设工程缺少长期规划，生态恢复保护未能与农民的长远替代生计很好地结合，导致项目结束后，还面临着还林树木仍被

砍伐和复垦的风险。加上补助标准过高、部门利益倾向、项目管理机构的重叠设置等问题，从而降低工程及政策的有效性和可持续性。

七、实现可持续发展和建设节约型社会的基本制度安排和政策保障不足，包括产权制度、价格机制、经济激励政策等不完善，难以形成节约资源和减少排放的动力。

八、资源环境问题的跨部门、跨行政区性质与行政管辖范围的不对称，使目前的制度安排和政策措施难以有效发挥作用。

资料来源：中国科学院可持续发展战略研究组. 2008. 中国可持续发展战略报告——政策回顾与展望. 北京：科学出版社

中国可持续发展面临资源与环境的制约

一、资源短缺的制约

我国人口众多，对资源环境压力的基数本来就很大，加上当前已经开始进入大众化消费时期，资源供需矛盾更加尖锐。

一是能源问题。随着中国经济的高速增长，工业化、城镇化进程的不断加快，对能源的需求日益增加。2007年全年能源消费总量为26.5亿tce，比上年增长7.8%。原油消费量3.4亿t，增长6.3%，成为仅次于美国的石油消费大国。由于经济增长方式粗放、能源结构不合理、能源技术装备水平低和管理水平相对落后，加之能源价格的高价位运行，能源特别是石油对外的依存度日益增高，能源安全和风险已经不仅仅是经济问题，而是同政治、军事紧密联系在一起。

二是水资源问题。自第二次世界大战结束以来，世界人口由1945年的25亿，增加到2007年的65亿。人口的迅速增加使人类对水资源的需求以惊人的速度增长。中国是一个水资源相对贫乏的人口大国，人均水资源是世界平均水平的1/4，而且利用率低，污染严重，成为制约中国经济发展的主要"瓶颈"之一。

三是土地，特别是耕地问题。全球沙漠面积约3370万km^2，占陆地面积将近1/4，约有5亿人生活在沙漠地区。我国土地荒漠化面积约为264万km^2，占国土面积的27.5%，每年仍以2460km^2的速度推进。我国耕地面积2007年为18.26亿亩（1亩≈667m^2），只占国土面积的约10%，人均耕地仅1.4亩，不到世界平均水平的1/2。随着建设规模的不断扩大，18亿亩耕地的红线面临被突破的危险。

四是粮食安全问题。2007年我国粮食产量达到5015亿kg，能够做到13亿人口粮食需求的基本自给，已经是一个伟大奇迹。近年来，世界粮食价格大幅度攀高，供求关系发生新的变化，全球已有1亿人口面临饥荒。我国农业生产特别是粮食生产，因耕地不断减少、气候变化异常、污染日益加重、基础设施薄弱等因素，维系未来15亿人口的粮食安全风险将会长期存在。事实证明，我国只能依靠自己的努力实现粮食基本自给，别无选择。

二、环境承载力的制约

我国是一个工业化程度不高的发展中国家，生态破坏，环境污染，资源相对贫乏和人口众多所带来的问题，表现得尤为突出。

一是生态环境总体恶化的趋势没有根本扭转。我国是世界上自然灾害最为严重的国家之一。自然灾害发生频繁、分布域广、种类增多、破坏强烈。洪水、地震、台风、干旱、沙尘暴、赤潮、森林火灾和植物病虫害等突发性和日常性灾害，给人民群众生命财产造成重大损失。特别是2008年上半年发生的南方冰雪灾害和汶川地震灾害，损失惨重，不能不引起人们的深思。由于森林减少(每年减少森林资源约1亿m^3)，草原退化(约占草原面积的1/5)，水土流失严重(每年流失的泥沙约50亿t)，土地荒漠化面积扩大，人居环境不适宜地区已占我国陆地面积的近1/3。

二是国家生态屏障地区的脆弱状况已近极限。国家生态屏障地区是中国大江大河的源头地区，也是中华民族赖以生存和发展的生态安全地区。西起青藏高原、途经黄土高原和内蒙古高原、东抵大小兴安岭的广大区域，生态继续恶化并且十分脆弱，森林、湿地不断减少，草原加速退化，群众生活整体性贫困。事实证明，生态屏障一旦遭到破坏，修复的周期相当漫长。根据2005年在瑞士发布的“环境可持续指数”，中国在146个国家和地区中，名列倒数第14位。

三是气候变化导致我国极端气象灾害发生的频率、强度和区域分布变得更加复杂和难以把握。国际社会围绕如何减缓气候变化问题外交谈判将更加激烈，要求我国减排温室气体的压力越来越大。气候变化问题已非单纯的气候问题、环境问题。气候变化影响了人类的生存和发展，深度触及农业和粮食安全、水资源安全、能源安全、生态安全和公共卫生安全。

资料来源：张维庆. 2008. 中国可持续发展的思考. 中国政协, (3): 46–49

三、为国家突发公共事件应急体系提供科技支撑

2005年1月，国务院发布《国家突发公共事件总体应急预案》，将土地资源安全、粮食安全、重大自然灾害等纳入公共安全领域，并明确要求中国科学院提供科技支撑，加大公共安全监测、预测、预警、预防和应急处置技术的研究，建立健全公共安全应急技术平台。应对突发公共安全事件需要及时、准确的资源环境动态信息，但目前这些信息的客观性和准确性难以评价，而且时效性差，一旦发生突发事件，将严重损害国家和公众利益。因此，迫切需要利用现代对地观测技术，通过多学科、多源信息的集成分析，对重要的资源环境信息进行监测和评估，形成国家资源与环境遥感监测与预警平台及应急反应服务系统，提高国家对重大问题的预见和处理能力，为国家公共安全体系提供科技支撑。

四、履行国际环境公约和国家环境外交的需要

目前中国已签署了包括《联合国气候变化框架公约》、《联合国防治荒漠化公约》、《生物多样性公约》、《关于持久性有机污染物的斯德哥尔摩公约》等一系列国际公约。国家在这些环境领域的国际活动和履约过程中迫切需要全面、翔实的科学数据和研究结论作为科技支撑，特别需要研究与公约相关的关键科学问题，提供准确的科学信息和对策方案，以维护中国的合法权益，树立中国良好的国际形象，为社会经济发展创造良好的外部环境；同时，履行国际环境公约也有助于提高中国生态与环境管理的水平，促进国际合作。

《联合国气候变化框架公约》简介

1979年第一次世界气候大会上，气候变化首次作为一个引起国际社会关注的问题提上议事日程。对全球气候逐步深入的认识和大气中二氧化碳浓度不断增加的事实使得联合国环境规划署和世界气象组织

于1988年建立了政府间气候变化专门委员会(IPCC)。

1990年IPCC发表了第一份气候变化评估报告。这份报告提供了气候变化的科学依据。以IPCC的这份报告为基础,联合国大会于1990年建立了政府间谈判委员会,开始进行气候变化框架公约的谈判。

1992年联合国环境与发展大会(即里约地球峰会)上,154个国家签署了《联合国气候变化框架公约》(UNFCCC)(简称《公约》)。《公约》的目标是将大气中温室气体浓度稳定在防止发生由人类活动引起的、危险的气候变化水平上。《公约》呼吁缔约方在一定的时间内达到这一目标使生态系统可以自然适应气候变化,确保粮食生产不受威胁,并促使经济以可持续的方式发展。

《公约》将世界各国分为两组:对人为产生的温室气体排放负主要责任的工业化国家(通常称附录I国家)和未来将在人为排放中增加比重的发展中国家(通常称非附录I国家)。

《公约》所有缔约国都有义务编定国家温室气体排放源和汇的清单。它们同时承诺制定适应和减缓气候变化的国家战略,在社会、经济和环境政策中考虑到气候变化。它们还必须促进可持续管理、节能、增强温室气体汇的功能,包括森林和其他所有陆地、沿海和海洋生态系统。

《公约》制定了一项资金机制以向发展中国家提供赠款或优惠贷款帮助它们履行《公约》、应对气候变化。《公约》指定全球环境基金(GEF)作为它的临时资金机制,并在1996年第二次缔约方大会上通过了同GEF的谅解备忘录,规定了各自的职责和义务。1998年《公约》第四次缔约方大会委任GEF为其永久资金机制机构,每4年进行一次评审。资金机制向缔约方大会负责,后者决定气候变化政策、规划的优先领域和获取资助的标准,因此缔约方大会定期向资金机制提供政策指导。

资料来源:http://www.mep.gov.cn/inte/lydt/200302/t20030221_84432.htm

《联合国防治荒漠化公约》简介

一、基本情况

《联合国防治荒漠化公约》(简称《公约》)是1992年联合国环境与发展大会《21世纪议程》框架下的三大重要国际环境公约之一。《公约》于1994年6月17日在法国巴黎外交大会通过,并于1996年 12月26日生效。

二、宗旨

在发生严重干旱和/或荒漠化的国家,尤其是在非洲,防治荒漠化,缓解干旱影响,以期协助受影响的国家和地区实现可持续发展。

三、成员

截至2005年4月26日,已有191个国家批准或加入《公约》。

四、主要负责人

执行秘书迪亚罗(H. E. Hailia Arba Diallo),原布基纳法索外长,曾任联合国开发计划署官员、驻华大使、布驻联合国代表团团长,1992年联合国环境与发展大会后负责《公约》过渡秘书处。

五、总部

常设秘书处设在德国波恩。网址: http://www.unccd.int

六、资金机制

(1)全球机制(OM);

(2)全球环境基金(GEF)。

七、组织机构

(1)公约缔约方大会:《公约》的最高决策机构。

(2)科学技术委员会:为缔约方大会提供科学技术方面的建议和信息。

(3)履约审查委员会:2001年《公约》第五次缔约方大会决定设立,负责审查、督促缔约国履行公约。

(4)公约常设秘书处,作为缔约方大会的执行机构,负责安排会议、准备会议文件、协调公约内外机构的关系。

1997~2001年,每年举行一届公约缔约方大会。2002年以后,每两年举行一届缔约方大会。公约履约审查委员会每年举行一届会议。

2003年8月25日至9月5日,《公约》第六次缔约方会议在古巴首都哈瓦那举行。其中9月1~2日为"高级别会议"(Special High Level Segment),由与会的各国部长级高官对公约的履行情况进行评估并阐述立场。《公约》两附属机构——履约审查委员会和科技委员会会议也在大会期间举行。

本次会议的主要议题包括:审议履约审查委员会第一次会议(CRICl)的报告和科技委员会的建议;审议2004~2005两年期预算;讨论"可持续发展世界首脑会议"与公约有关的成果等。

由国家林业局副局长祝列克任团长的中国代表团出席了本次会议。祝列克团长在高级别会议上介绍了中国在防治荒漠化方面采取的措施和取得的成就,并表示将进一步加强国际合作。中国肯定履约审查委员会的工作，敦促发达国家真诚履行其义务；并要求协调好《公约》现有资金机制——全球机制和全球环境基金的工作。在预算问题上，中国主张缔约方会议尽快就经费等问题作出决定，以加强区域协调办事处(RCU)的作用。中国支持采取有效措施落实“可持续发展世界首脑会议”以及与《公约》有关的成果。

履约审查委员会第三次会议于2005年5月2～11日在德国波恩举行。

中国于1994年10月14日签署《公约》，并于1997年2月18日交存批准书。《公约》于1997年5月9日对中国生效。

资料来源：http://world.people.com.cn/GB/8212/60991/60996/4269372.html

《生物多样性公约》的历史与背景

1972年，在斯德哥尔摩召开了联合国关于人类环境的大会，决定建立联合国环境规划署，各国政府签署了若干地区性和国际协议以处理如保护湿地、管理国际濒危物种贸易等议题，这些协议与管制有毒化学品污染的有关协议一起减慢了破坏环境的趋势，尽管这种趋势并未被彻底扭转，例如，关于捕猎、挖掘和倒卖某些动物和植物的国际禁令与限制已经减少了滥猎、滥挖和偷猎行为。

1987年，世界环境和发展委员会(Brundtland委员会)得出了发展经济必须减少破坏环境的结论，这份划时代的报告题为“我们共同的未来”，它指出，人类已经具备实现自身需要并且不以牺牲后代实现需要为代价的可持续发展的能力；报告同时呼吁“一个健康的、绿色的经济发展新纪元”。

1992年，在巴西里约热内卢召开了由各国首脑参加的最大规模的联合国环境与发展大会，在此次“地球峰会”上，签署一系列有历史意义的协议，包括两项具有约束力的协议：《气候变化公约》和《生物多样性公约》（简称《公约》）。前者目标是工业和其他诸如二氧化碳等温室效应气体排放；后者是第一项生物多样性保护和可持续利用的全球协议，《生物多样性公约》获得快速和广泛的接纳，150多个国家在里约大会上签署了该文件，此后共175个国家批准了该协议。

《公约》有3个主要目标：

(1)保护生物多样性；

(2)生物多样性组成成分的可持续利用;

(3)以公平合理的方式共享遗传资源的商业利益和其他形式的利用。

《公约》的目标广泛,处理关于人类未来的重大问题,成为国际法的里程碑。《公约》第一次取得了保护生物多样性是人类的共同利益和发展进程中不可缺少一部分的共识,涵盖了所有的生态系统、物种和遗传资源,把传统的保护努力和可持续利用生物资源的经济目标联系起来,建立了公平合理地共享遗传资源利益的原则,尤其是作为商业性用途,涉及了快速发展的生物技术领域,包括生物技术发展、转让、惠益共享和生物安全等,尤为重要是,它具有法律约束力,缔约方有义务执行其条款。

《公约》提醒决策者,自然资源不是无穷无尽的,它为21世纪建立了一个崭新的理念——生物多样性的可持续利用,过去的保护努力多集中在保护某些特殊的物种和栖息地。《公约》认为,生态系统、物种和基因必须用于人类的利益,但这应该以不会导致生物多样性长期下降的利用方式和利用速度来获得。

基于预防原则,《公约》为决策者提供一项指南:当生物多样性发生显著的减少或下降时,不能以缺乏充分的科学定论作为采取措施减少或避免这种威胁的借口。《公约》确认保护生物多样性需要实质性投资,但是同时强调,保护生物多样性应该带给我们环境的、经济的和社会的显著回报。

《公约》处理的议题包括:

(1)生物多样性保护和可持续利用的措施与激励手段;

(2)遗传资源的获取;

(3)包括生物技术的技术取得和转让;

(4)技术和科学上的合作;

(5)影响评估;

(6)教育和公众意识;

(7)资金来源;

(8)履行公约义务的国家报告。

《公约》需履行的义务:

作为一项国际公约,《公约》认同了共同的困难,设定完整的目标、政策和普遍的义务,同时组织开展技术和财政上的合作,但是,达到这个目标的主要责任在缔约方自己。

私营公司、土地所有者、渔民和农场主从事了大量影响生物多样性的活动,政府需要通过制定指导其利用自然资源的法规、保护国有土地和水域生物多样性等措施发挥领导职责。根据《公约》,政府承担保护和可持续利用生物多样性的义务,政府必须发展国家生物多样性战略和行动计划,并将这些战略和计划纳入更广泛的国家环境和发展计划中,这对林业、农业、渔业、能源、交通和城市规划尤为重要。《公约》的其他义务包括:

(1)识别和监测需要保护的重要的生物多样性组成部分;

(2)建立保护区保护生物多样性,同时促进该地区以有利于环境的方式发展;

(3)与当地居民合作,修复和恢复生态系统,促进受威胁物种的恢复;

(4)在当地居民和社区的参与下,尊重、保护和维护生物多样性可持续利用的传统知识;

(5)防止引进威胁生态系统、栖息地和物种的外来物种,并予以控制和消灭;

(6)控制现代生物技术改变的生物体引起的风险;

(7)促进公众的参与,尤其是评价威胁生物多样性的开发项目造成的环境影响;

(8)教育公众,提高公众有关生物多样性的重要性和保护必要性的认识;

(9)报告缔约方如何实现生物多样性的目标。

《公约》的机构:

《公约》的最高权力机构是缔约方大会(COP),它由批准公约的各国政府(含地区经济一体化组织)组成,这个机构检查公约的进展,为成员国确定新的优先保护重点,制定工作计划。COP也可以修订公约,建立顾问专家组,检查成员国递交的进展报告并与其他组织和公约开展合作。

COP可以从公约建立的其他机构获得专业知识和支持,如:

科学、技术和工艺咨询附属机构(SBSTTA)。SBSTTA是由来自成员国相关领域的专家组成,它在向COP提供科学和技术问题建议方面起着关键作用。

资料交换所机制。它是基于因特网的促进科技合作和信息的网络。

秘书处。秘书处设在加拿大的蒙特利尔,与联合国环境署紧密联系,主要职能是组织会议、起草文献、协助成员国履行工作计划、与其他国际组织合作、收集和提供信息。此外,COP在其认为适当时可成立专门委员会或机制,COP于1996～1999年成立了生物安全工作组,并成立了土著知识和地方社区工作组。

全球环境基金(GEF)。发展中国家在开展与公约有关活动时可以从公约的财务机制中获得资助,如GEF。由联合国环境规划署、联合国开发计划署和世界银行支持的GEF项目在4个对全球环境具有重大作用的领域促进国际合作并提供资助:生物多样性的丧失、气候改变、臭氧层耗竭和国际水资源的衰竭。到1999年末,GEF为120个国家的生物多样性项目提供了近10亿美元的资助。

资料来源:http://www.biodiv.gov.cn/dyxgy/200402/t20040226_88571.htm

《关于持久性有机污染物的斯德哥尔摩公约》简介

2001年5月22～23日,联合国环境署在瑞典首都斯德哥尔摩组织召开了《关于持久性有机污染物的斯德哥尔摩公约》的外交全权代表会议,并最终通过了该公约,这是人类社会为保护全球环境而通过的第三个旨在采取全球性减排行动的国际公约,是国际社会对有毒化学品采取优先控制行动的重要一步。至今,已有156个国家签署了该公约。中国政府于2001年5月23日签署。该公约旨在减少或消除持久性有机物的排放,保护人类健康和生态环境免受其危害。该公约第一批公布受控化学物质包括3类12种:①杀虫剂:滴滴涕、氯丹、灭蚁灵、艾试剂、狄试剂、异狄试剂、七氯、毒杀酚和六氯苯;②工业化学品:多氯联苯;③副产品:二噁英、呋喃。

持久性有机污染物是指持久存在于环境中,通过食物网积聚,并对人类健康及环境造成不利影响的化学物质。与常规污染物不同,持久性有机污染物在自然环境中极难降解,并能通过水或空气等载体转移,在人或动物体内积蓄后,容易导致癌症,对健康造成极大危害。很多持久性有机污染物不仅具有致癌、致畸、致突变性,而且还具有内分泌干扰作用。有研究表明,持久性有机污染物对人类的影响会持续几代,对人类生存繁衍和可持续发展构成重大威胁。

资料来源:http://www.cneac.com

第二章

国外相关领域科技发展路线图及规划研究概述

技术路线图是一种有效的创新管理工具。它能够帮助使用者明确该领域的发展方向和实现目标所需的关键技术。技术路线图自20世纪七八十年代率先在企业应用以来，作为一种创新管理工具在科学研究方面得到了广泛的应用与发展。科技发展路线图的研究和绘制可以帮助识别国家现有的科技能力和未来发展的瓶颈。作为计划投入和资源配置的决策依据之一，科技发展路线图的研究着重于国家专注的重点领域，推动科技创新并对国家的科技经济和社会可持续发展作长远考虑。当前已经有不少国家和国际组织开展了生态与环境相关领域的科技发展战略或路线图的研究工作，可为本路线图战略研究提供参考。

技术路线图的产生和作用

路线图是指示人们到达他们渴望到达的目的地的图示。这个一般性的定义抓住了路线图的本质：在一个团队里形成关于未来和在未来他们要达到的目标的共识。绘制路线图是这个团队学习的过程，在这个过程中他们可能发现差距和新的方向。绘制路线图的活动帮助这个团队开发团队内部语言，提高团队成员间交流的准确性和效率。路线图还能够帮助团队成员和其他人(如客户、供应商)以及其他团队沟通关于未来的设想和计划。

像一般的路线图一样，技术路线图也有类似的多种用途。例如，技术路线图可以用来描述过去或未来科学或技术在几个可能的方向上的演变，刻画某个产业领域的未来发展路径。在企业，对技术路线图的需求通常发生在产品线水平上，定义产品发展，链接业务战略和产品特征、链接成本和技术可以达到战略目标。技术路线图整合了企业发展的需求和技术演变的潮流。

20世纪的七八十年代，摩托罗拉和康宁两家公司最先绘制了技术路线图。康宁公司提倡通过关键事件绘图达成企业整体战略和企业内部的事业部战略；摩托罗拉的使用方法则是技术演变和定位法。摩托罗拉的方法在美国的技术经营实践中更常见。在当时的CEO Robert Galvin领导下，摩托罗拉启动了旨在"鼓励业务经理适当地关注技术未来和为他们提供一个预测未来过程的工具"的、遍及全公司的绘制技术路线图行动。引进这个方法用以帮助平衡那些和技术以及其他领域的长远和近期的课题、战略和运作的事务。Willyard和McClees在他们合作发表的论文中认为摩托罗拉是最早在这个方面应用路线图和使用这种方法的。论文称，绘制技术路线图为设计和研发工程师与他们做市场调研和营销的同事提供了交流的渠道，技术要为未来的产品开发和应用服务。摩托罗拉模型和经验的公开，引起了企业高层管理者的极大兴趣，直接导致了洛克威尔汽车公司1995年对技术路线图的采用。

资料来源：刘海波, 李平. 2004. 技术路线图的产生和作用. 科技潮, (9): 8–9

一、欧盟的《环境技术行动计划》

欧盟委员会(European Commission) 2004年1月28日制定的《环境技术行动计划》(*Environmental Technologies Action Plan*, ETAP)[3]旨在鼓励尽一切可能减少对自然资源的压力，提高欧洲市民的生活质量，刺激经济增长。该计划很好地完善了欧盟可持续发展战略，遵循了里斯本战略，也将有利于发展中国家采纳。欧盟在各项投资中鼓励选用先进的环境技术，并作出相应目标决策，这些措施将进一步拓宽市场、降低成本，要求欧盟委员会、成员国或研究团体、组织、工业、社会共同来完成。

《环境技术行动计划》的目的是去除障碍，全方位发展环境技术，保护环境，促进可竞争性和经济增长；确保将来欧盟在发展中国家及环境技术应用方面起领头作用；动员一切力量支持这个计划。为了更好地实施这项行动计划，欧盟研究了环境技术从研发到市场、提高市场运作条件、全球行动等三个关键点。

随着世界范围的经济增长和对自然资源的压力，现有的技术已不能保障可持续发展的需求。因此，该行动计划提出吸引更多的私有和公共投资用于环境技术的开发和演示，鼓励创新工艺，将发明创造从实验室带到市场。

欧盟采取了两大创新行动：建立技术平台和建立测试网络，目的是想了解如何建立私有/公共合作关系，怎样使研究更贴近市场。

当前欧盟21个成员国和挪威已经为《环境技术行动计划》的实施制定了路线图。如西班牙的路线图中将气候变化、城市可持续性、生产过程的改善、水、能源和交通作为实施其路线图的优先领域。

二、新西兰的环境科学研究路线图

新西兰研究科技部（Ministry of Research, Science and Technology）于2007年5月发布了至2017年的《新西兰环境科学研究路线图》[4]。该路线图涉及三个需要额外关注的主题和六个环境研究领域。

三个主题分别是：

（1）系统理解和综合

环境系统的深层次理解需要多学科的有效结合。例如，需要改善系统信息的区域包括：地下水和地表水的相互作用；海岸带环境的淡水资源影响；关于渔业管理的生态系统层次理解；对生物物理、社会经济和城市设计健康层面的理解。

（2）科技转移和吸收

顺利完成科技转移和吸收需要更多地关注前瞻性学科和方法导向型研究，提高管理创新以便加深科学理解，改进交流技术（例如可视化）。

（3）信息系统应用

信息系统应用包括数据收集、数据管理、数据易获取性和运用新的数据收集技术。没有数据管理方式的改进，各学科整合以及研究的转移和吸收不可能实现。

六个环境研究领域是全球环境变化、土地/水/海岸带、城市设计与灾害、生物安全、生物多样性和海洋系统。

三、韩国的《第二次环保技术开发综合计划(2008–2012年)》

2008年5月6日,韩国国家科学技术委员会发布了由韩国教育科学技术部、环境部等11个部委共同制定的《第二次环保技术开发综合计划(2008–2012年)》[5]。该计划每5年公布一次。

该计划介绍了其制定背景和意义,回顾了《第一次环保技术开发综合计划(2003–2007年)》所取得的成果,分析了韩国和国际环保技术开发的现状和展望,并在阐明环保技术开发的关键问题和解决方案,以及进行SWOT① 要素分析的基础上,提出了《第二次环保技术开发综合计划(2008–2012年)》,其主要内容如下:

(1) 愿景

实现由技术引领的21世纪"生态乌托邦"(Eco-Utopia),使韩国成为绿色新经济强国,使韩国锦绣江山恢复一新。

(2) 三大目标

1) 开展战略性的技术开发,确保世界最高水平的环保技术;

2) 有选择地集中培育具备国际技术竞争力的优秀环保企业;

3) 完善人与自然和谐共生的环境可持续性指标。

(3) 四大核心战略

1) 持续扩大环保技术开发的投资规模;

2) 强化环保技术基础设施建设;

3) 对具有国际竞争力的战略性环保技术开发进行有选择的重点投资;

4) 加强政策倾斜,促进环保产业发展。

四、世界自然基金会的《生命行星路线图》

2008年9月29日,世界自然基金会(World Wildlife Fund, WWF)发布最新报告《生命行星路线图》(*A Roadmap for a*

① SWOT分别代表:strengths(优势)、weaknesses(劣势)、opportunities(机会)、threats(威胁)

Living Planet)[6]。在报告中，WWF提出了一个科学的全球保护框架。该框架制定了到2020年和2050年的生物多样性保护目标与减少人类全球足迹的目标，确定了优先保护的重要区域、物种和足迹领域，并号召社会各界保护生物多样性，实现地球的可持续发展。

（1）保护生物多样性

生物多样性保护在2020年的目标是：

1）保护并良好地管理地球最卓越自然区域的生物多样性；

2）恢复和繁荣自然界最具生态、经济和文化意义的重要物种数量；

3）人类全球足迹低于其2000年的水平，并保持其下降的趋势，特别是在能源/碳、商品（农产品、肉、鱼和木材）以及水资源领域。

生物多样性保护在2050年的目标是：

1）使地球上最卓越的自然区域的完整性受到保护，以有助于为所有生物创造一个更加安全和可持续的未来；

2）人类全球足迹保持在地球支撑生命的能力范围内，并且公平地分享地球的自然资源。

（2）减少人类全球足迹

2050年目标：到2050年，人类全球足迹保持在地球支撑生命的能力范围内，并且公平地分享地球的自然资源。

2020年目标：到2020年，人类全球足迹低于其2000年的水平，并保持下降的趋势，特别是在能源/碳、商品（农产品、肉、鱼和木材）和水资源领域。

《生命行星路线图》简介

人类消耗资源的速度大大超出了地球的负载能力，同时人类活动正急剧地改变着地球的气候。这些使全球的生物多样性面临着威胁，并且使这个生命支撑系统开始崩溃。数百万人已经感受到这一后果。在全球，不管是富国还是穷国，人们正面临着粮食安全和用水的不确定性以及应对自然灾害和疾病的脆弱性的增加。如果我们继续以同样的方式发展下去，那么情况只会更糟。然而，确保生存与维持繁荣的唯一途径就是从现在开始，保护生物多样性和减少人类对自然生境的影响。为此，WWF提出了一个保护生物多样性和减少人类全球足迹的科学框架。

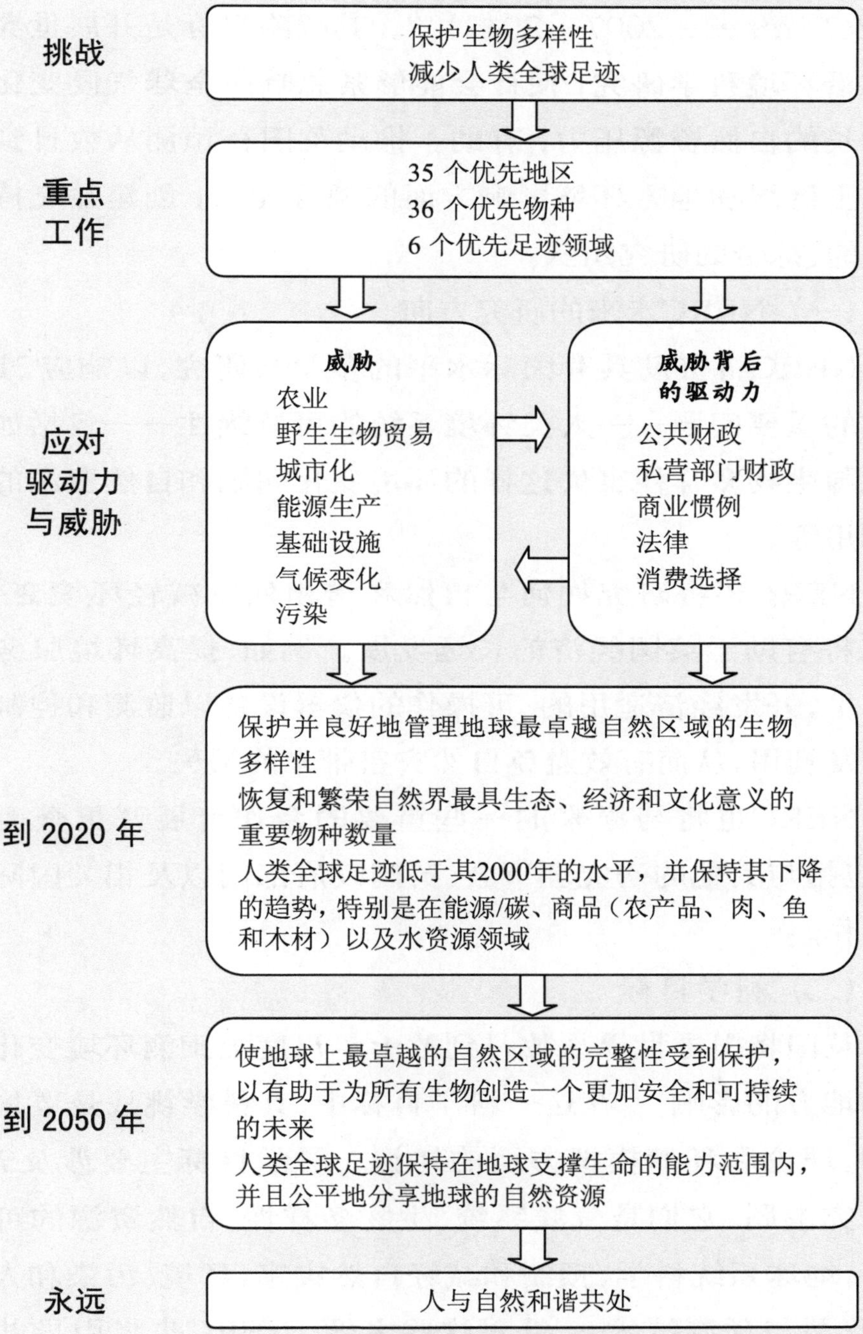

WWF全球保护框架

资料来源：世界自然基金会(WWF). 2008. 生命行星路线图

五、英国自然环境研究委员会的新一轮主题行动计划

2007年11月，英国自然环境研究委员会(NERC)发布了新的战略——《关于行星地球的下一代科学：NERC 2007—2012年战略规划》(*Next Generation Science for Planet Earth: NERC Strategy* 2007—2012)[7]。其战略目标是开展世界领先的前沿环境科学研究；使社会能够紧急响应全球气候变化和日益增长的自然资源压力；有助于推动英国在预测从数日到数年尺度上区域和地方环境影响方面的领导能力；创建并支持充满活力的、综合的研究团队。

（一）NERC未来的研究方向

NERC将资助具有国际水平的多学科研究，以响应21世纪面临的重要问题——人类环境系统的可持续性——包括如气候变化与生物多样性丧失这样的环境变化问题和自然资源的可持续利用等。

NERC还将研究如何与自然和谐相处以减轻环境变化，因为这将有助于英国经济的长远发展。例如，提高环境服务和技术水平，开发经济适用的、可操作的仪器设备以监测和控制能源的开发利用，从而有效避免自然灾害带来的损失。

NERC也将与原来的一些重要的合作者展开更全面的合作，包括与其他的研究理事会、英国政府部门以及相关国际组织的合作。

（二）科学目标

英国将引导世界从数月到数十年尺度上预测环境变化对区域和地方的影响。 在这一科学目标中，其科学挑战是要增加在观测、理论和环境模拟方面的知识。科学目标主要涉及7个科学研究主题，它们是气候系统，生物多样性，自然资源的可持续利用，地球系统科学，预测和减轻自然灾害，环境、污染和人类健康，监测与预测技术。 针对这些主题，NERC也将引导并资助几个英国研究委员会(RCUK)的多学科综合研究活动。为了解决由自然资源和全球气候变化压力给社会可持续发展带来的挑

战，NERC需要与跨自然、社会、经济和工程的多个科学合作伙伴及政策和企业团体一起工作。因此，一个新的多学科、多组织的研究计划——《在环境变化下生存》(*Living with Environmental Change*，LWEC)酝酿出炉。LWEC由NERC领导，资助者主要是英国经济和社会科学研究委员会(ESRC)及其他的研究理事会。另外，环境、粮食和农村事务部(Department for Environment, Food and Rural Affairs，Defra)基金和其他资助者也对这个计划进行资助。把自然科学、社会科学和经济科学集合起来以解决政策、企业和社会对科学证据的需求是LWEC的核心。LWEC也列出了一系列被关注的科学主题中的中期和短期优先研究领域，而且也确定了即将形成的中长期优先研究领域，这些即将形成的中长期优先研究领域是通过继续强化资助和培养下一代科学家的"响应性基金"(responsive funding)来确定的。

目前，NERC已委派主题负责人制定了主题行动计划。这些主题行动计划将帮助NERC明确需要资助的战略研究，以应对新战略中提出的挑战。2008年7月，NERC管理委员会又批准了第一阶段的主题行动计划。同战略本身一样，NERC每年将对主题行动计划进行更新。在今后的几个月中，NERC将开始实施主题行动计划中列出的新行动，在未来几年中其总资助额将达到约5300万英镑。

NERC将启动若干新的、大规模的研究计划，包括变化的水循环、海洋酸化、通过生态系统服务减少贫困、减少暴风雨风险。

NERC还将制定若干较小规模的研究计划、能力建设和启动行动。这些计划包括：①环境纳米科学研究计划，它将研究水、土壤和空气中纳米粒子对环境的影响；②定量化研究在预测区域和地方气候变化与气候影响方面的不确定性；③碳捕获与储存，重点关注二氧化碳封存的可持续性；④理解将土地用于可再生能源生产的结果；⑤与英国国家天气预报机构共同负责《联合气候研究计划》(*Joint Climate Research Programme*)的大量事务，以支持该计划的持续发展。

NERC还将启动多项远景研究活动，从而为未来主题行动计划的更大投资提供建议。

（三）预计的战略成果

NERC将从这些目标中受益，因为这些研究将提供：①对环境问题新知识的认知；②研究制定减缓和适应战略的科学基础，以应对环境变化和避免与环境变相关的巨大损失；③获得良好收益的商业机遇。

主要的科学成果包括：①从区域到地方以及从季到年尺度上的气候预测；②有关碳捕获和储存及核废弃物处置安全方面的信任级别；③可再生能源系统的理想位置和整个生命周期；④环境变化对生态系统服务（如清洁的水、空气和食物等）的影响分析；⑤对温盐环流突然停止的危害的认识；⑥风暴强度及其踪迹的可靠预测；⑦疾病传播的环境因素分析；⑧生物多样性在确定整个生态系统功能中所发挥的作用研究；⑨提高监测环境变化的方法以及先进技术的开发。

六、英国生态与水文研究中心2008—2013年科学战略[8]

（一）面临的科学挑战

挑战1：通过大规模的、长期的监测和试验，提供关于环境变化的早期预警；

挑战2：确定环境中的物理和化学变化与生态响应之间的关联过程；

挑战3：将生态、水文和生物地球化学过程及其反馈融入气候变化模型中，以提高其预测能力；

挑战4：量化环境变化对自然资源的影响；

挑战5：测定生态系统和人类长期暴露于生物、水文和化学威胁中的风险；

挑战6：制定战略和控制方法，以减轻环境变化对生态系统、生态服务和人类健康的影响。

环境研究的主要目标是帮助实现经济的可持续发展。因此，必须制定战略和管理政策，以减轻环境变化对生态系统、生态系统服务以及人类的影响；同时，还必须拟定适应性战略，以处理不可避免的环境变化问题。这些战略和行动必须由科学家、决策者和从业人员共同参与制定，以确保良好的环境管理。英国生态与水文研究中心（CEH）将制定保护、缓解、适应和恢复性的措施，以保护生态系统和人类健康免受气候变化和其他环境风险的不利影响。

（二）战略陈述

CEH的科学战略将通过生物多样性、水及生物地球化学这三个相互依赖的领域的科学计划来传递，并通过建立环境信息数据中心（Environmental Information Data Centre, EIDC）来支持。

1．生物多样性计划

生物多样性计划是要确定生物多样性的变化及其在生态系统结构、功能与恢复力方面的作用。

1）为满足和补充NERC生物多样性科学主题的挑战，CEH将继续提供生物多样性方面的大规模、长期监测和调查模式的国家能力建设。这将通过记录与诠释基因、物种、种群和生态系统的丰富性及其分布的变化来完成。在整个过程中，从实施新型DNA方法到提高卫星数据的解译，都要结合技术进步来提高监测能力。

2）与EIDC紧密合作，CEH将通过提高计算技术和运用先进信息工具来优化数据的分析与开发；同时，将整合新的和现有的生物和其他环境数据集，以更好地量化生物多样性变化的物理、化学和人类学方面的原因。这将使CEH能够确定和提供这些驱动因素是如何影响生境和生态系统的近实时生态评估。

3）CEH将继续采取大规模的试验并支持执行管理制度来评估在自然与人工环境方面的保护与恢复实践。通过这种评估，CEH将开发模型来预测个别或多个环境变化驱动因素对当地、国家甚至国际所造成的影响。

4）CEH的研究将更好地理解大规模生物多样性变化背后

的生物进化和相互作用。CEH还将量化土壤生物多样性和地表以上生物多样性之间的联系，并通过确定这些因素对地球化学循环及水通量的影响，来促进欧盟的《水框架指令》（*EU Water Framework Directive*）及土壤保护立法；同时，CEH将进行土地利用变化影响的综合评估，包括栖息地退化等。

5）与其他科学计划和EIDC协作，评估缓慢与快速的环境扰动是如何影响生物多样性的。这将为NERC列出的科学战略提供更好的生态系统服务评估，并为发展陆地与淡水生物多样性综合风险评估提供详细资料。

6）结合强有力的统计分析和建模数据，扩充如何利用自然资源来影响生物多样性和生态系统功能的相关知识；同时制定可靠的指标来评估环境状况。另外，CEH将致力维持在创造知识和提供有科学依据支持的政策执行意见方面的国际领导地位，这包括《环境管理计划》（*Environment Stewardship Scheme*）、《英国生物多样性行动计划》（*UK Biodiversity Action Plan*）和《欧盟的生境指令》（*EU Habitats Directive*）等。

2．水计划

1）为了实现水资源的可持续利用，CEH将从不同的时间和空间尺度综合地了解空气、土壤和水之间的关系。CEH还将继续为制定和实施英国和欧盟层面的水政策（包括水框架指令）提供支撑。

2）CEH将扩充和提高其在地表水体观测方面的专业知识，包括低地和高地的河流、湖泊的形态、生物和化学方面的知识。研究人员将利用观测数据来确定水体环境发展的趋势和评价现有的模型或创建新的模型。此外，CEH还将建立室外观测旗舰站，作为英国和欧盟网络与大学、NERC其他研究中心合作的一部分。这将使研究人员能够进行新技术和测定演进过程关联关系的试验及适当尺度模型的开发与应用。

3）CEH将开展监测、试验和模拟工作，以明确生命和非生命过程及其相互作用在淡水水体中的作用。结合CEH的生物多样性计划，研究人员将评估淡水生态系统演进过程中生物多样性变化的后果，并确定潜在的、对环境变化极度敏感的关键物种。然后，他们将通过EIDC开展新的分析，如流域层面的数据集成。

4）CEH将利用新的原位传感器技术，提供高频数据。研究人员将在一个更广阔的空间尺度上，重点描述和量化淡水和海洋环境以及陆地和淡水生态系统之间的演进过程、相互作用和反馈机制。因此，CEH将扩展其与英国地质调查局在测定地下水和地表水体相互作用方面的合作，以及与普劳德曼海洋实验室（Proudman Oceanographic Laboratory）的合作。

5）当前对水循环、地表和大气之间的反馈以及在全球气候模型中如何描述对演进过程的理解等方面，在认识上还存在局限性。因此，CEH将解决由此带来的在预测未来气候变化方面仍然存在的、主要的不确定性问题。研究人员将利用从小区尺度到流域尺度的监测和试验研究数据来减少这些不确定因素并测试模型的产出。

6）CEH将提高其模拟能力，以能正确地评价全球变化对水资源可用性产生的可能影响。具体而言，CEH将评估和量化流域中土壤的微生物过程、植被、土壤的碳储存和释放及水通量之间的相互关系。由于旱涝灾害会对社会经济产生深刻影响，因此，CEH将根据预期或预测的土地利用变化和气候变化情况来量化这些影响。

3．生物地球化学计划

1）CEH将继续进行监测活动，包括对主要大气污染物的浓度测量与沉积计算。CEH将制作这些污染物的高分辨率地图并进行国家预算来达到英国的一些国际报告如《国家空气污染排放限值指令》（*National Emissions Ceilings Directive*）的要求。对土壤与水中的化学物品及野生动植物等进行监测，以建立一个长期的时空发展趋势。在对英国的污染物进行监测与分析的发展过程中，与英国大气科学中心（National Centre for Atmospheric Science)和大学的专家紧密合作。此外，还要为NERC的科学主题、环境污染控制及人类健康作出积极贡献。

2）CEH将进行长期的试验，包括半自然生态系统中氮和臭氧增加的大尺度野外试验。这种试验能使研究人员量化主要营养物质和污染物在生物地球化学循环中的途径与变化及其对动植物的影响。通过EIDC，从监测和试验活动中整合数据，提供环境变化的早期预警。

3）为了了解大气污染物的长期排放与沉降通量情况，使用微技术来量化大气与气溶胶中的化学通量并提高对控制其过程的认识。获得的认知将被应用到放射性核素、杀虫剂、持久性有机污染物、氮的富集与酸化等方面的管理。

4）有关生物地球化学过程方面的知识将被开发应用到全球气候(地球系统)的模型发展中，从而减少目前气候变化预测中的不确定性。

5）在模型中融入监测和过程研究将为生态系统的影响风险、生态系统服务和人类健康等提供必要的信息。CEH的研究将支持土壤的保护，因为土壤是生物地球化学循环和变化的一个关键界面。CEH将开发并实地验证定量的化学模型，以用于预测污染物的行为以及不利影响的风险。

6）量化不同土地利用战略的响应以确定对碳汇及温室气体排放的影响。土地利用战略也影响生物多样性、土壤水分蒸发量及流域内的水量。因此，为了实现可持续的土地利用，CEH将努力提供综合的评估与政策建议。

4．环境信息数据中心(EIDC)

1）CEH汇集了过去几十年环境监测与研究方面的丰富环境信息。这类资料涵盖面相当广泛，通常是全球独一无二的长期数据集，主要包括：生物记录中心[包括国家生物多样性门户(National Biodiversity Network Gateway)和英国蝴蝶监测计划(UK Butterfly Monitoring Scheme)]、英国乡村调查结果、英国国家河水流量档案文件、英国土地覆盖地图、NERC环境生物信息中心、生物气候学网络、环境变化网络、猛禽监测计划以及大气数据集等。

2）在与NERC其他数据中心的协作中，EIDC不仅会提高NERC环境数据的使用，也将成为《欧盟空间信息基础设施计划》（*EU Infrastructure for Spatial Information in Europe*, INSPIRE）的主要执行者。同样，EIDC是欧洲构想分享性环境资讯系统（Shared Environmental Information System, SEIS）的重要的一步。

3）EIDC将提供广泛的数据目录以便促进数据的发现。它将实现数据的统一标准，如果可行的话，并允许来自CEH的不同数据以及其他专用的地理空间门户网站数据的相互融合。EIDC还将开发先进的交付和可视化工具，使环境数据转化为环境信息。

4）结合对三大核心科学计划过程的理解，EIDC将使大气、陆地和淡水环境中的模式、分布、趋势与变化得到量化与显现。这将使CEH能够开发出，近实时地评估环境变化及其影响的工具。EIDC还将把原位研究与调查同遥感数据结合起来，提供土地利用和气候变化对生态系统和生态系统服务影响的精确评估与预报。

5）EIDC将整合目前分散的数据集如化学通量等，将这些数据与其他他数据集如水、生物多样性数据等结合。NERC核心科学计划范围内的未来重点是利用现有的数据进行交叉数据的挖掘，这些将使研究人员能够评估气候变化的影响和相关的生态系统响应等。

七、美国的长期生态研究网络与国家生态观测系统战略[9]

（一）美国的长期生态研究网络

由美国国家卫生基金会（National Sannitation Foundation, NSF）资助的长期生态研究（LTER）网络已经成为大尺度生态科学研究的支柱，这是30年前参与建立它的人谁也没想到的。现在，随着诸如美国国家生态观测网（NEON）、全球湖泊生态观测网（GLEON）、水资源与环境系统网（WATERS）、大洋自动观测网（OOI）等新的、互补性的网络的出现，由此展现出来的生态学研究协同发展的潜力是之前难以想象的。

物理网络之间的合作和学科网络之间的合作同等重要。LTER网络的发展历史告诉我们，对其他学科尤其是社会科学和行为科学的探索是解决当今生态学问题的关键。LTER网络是伴随着美国生态学会开展的《可持续生物圈计划》（SBI）开展的，在长期生态研究的科学中，有很明显的SBI的烙印。LTER网络已经逐渐地囊括了人文因素问题的研究。总体而言，生态学的研究团体，尤其是长期生态学的研究团体，已经开始认识重大的，有时是隐藏在人类活动幕后的，甚至有时是最偏僻、最遥远地区的影响。

LTER网络已经包含了与网络互联时代高度相关的、新的、有发展前景的创新性挑战：社会与环境综合科学动议承认并试图认识跨不同空间尺度的有机物、物质循环过程和生态系统间的社会生态学联系。生态系统服务于人类社会，通常情况下，人类可以很清楚地看到这种服务，但是有时候生态系统的重要性会被人们低估甚至完全忽略。如何正确认识生态系统的重要性，如何用这些认识来指导我们的行为，进而如何改变我们的行为，如何影响生态系统的形态和功能，这对了解我们赖以生存的生态系统并使其可持续发展具有至关重要的作用。想要完全了解生态系统和人类社会的各种关系，生态学家、地球物理学家、社会学家和环境学家们就必须开展相互关联、相互协调、相互依赖的研究。

在测试网络节点间连接的类型、强度和相互依赖性时需要多少个站点，这是建立关联学科研究面临的一个重要挑战。为此，LTER正在积极寻找有相互联系的合作网站，而且，如果有可能的话，将共享基础网络设施和其他公共资源，以便于环境数据的收集和获取。大尺度的连通性科学研究是基于地方科学的良好基础上的大尺度覆盖研究，否则，有关社会生态学连通性的相关科学假设就不能得到严谨的检验。

社会生态学研究早期的许多案例(在本期就有很多相关的描述)表明，跻身于杰出环境观测和连通性科学的新网络，将能够更加充分地阐述和定义全球分散的生态系统的关键连接。

所有的这些网站都认识到把不同站点的环境信息整合协调起来的重要性，因为只有这样才可能解决当下最严峻的生态环境问题：如何满足联系日益密切的世界未来可持续发展的需求。

（二）美国国家生态观测网络的大陆战略

美国国家生态观测网络(NEON)设计的理念就是要解决以下两方面的问题：

1）各种时空尺度的(美国的)生态系统及其组成结构是如何响应自然和人类因素诸如气候、土地利用、物种入侵的影响的？响应的速度和模式是什么样的？

2）在气候变化、土地利用和物种入侵研究中，生物地球化学、生物多样性、水文生态学、生物结构和功能都发挥着什么作用？这些反馈又是如何随着生态学背景和时空尺度变化的？

NEON将通过提供数据和其他设备来支持大陆尺度的生态预测，以解决上述问题。所需数据的空间范围从基因组到大陆尺度，且时间范围由秒到几十年。无数个有机体的综合行为会控制着大气的传输和化学特征，调节着地球表面的物质，影响着水的供应和质量。有机体尺度与其对全球环境作用的尺度不同引发了大尺度生态学研究的重大问题。自然环境中的生命是最长的时间和最大的空间尺度的结果，必须通过有机物、生态群落、生物数量以及其他小尺度现象的记录，了解生物圈的过程。

NEON准备通过对过程、相互作用和反应的研究，包括对那些通过传输进行调解以及连通性的研究，来解决尺度多样化的问题。大多数环境监测网站都只是关注过程和结果，而不对其中的相互作用和反馈作用进行联系。NEON关注生物圈多尺度这一本质。NEON基础监测从有机体、有机体种群和有机体群落尺度开始直接地观察其生物学的过程。有限的资金限制了基础观测的数量和空间尺度。为此，NEON采用了一个节省费用的大陆尺度策略来安排观测单元。观测单元必须对能客观地代表环境变化的设计进行系统的筛选。早期的美国空间地图把国家划分为不同的生态区，和这些早期的地图完全相反，NEON分区是基于新的、系统的、严格的分析运用国家生态气候变化数据库之上建立的。而且统计设计基于多个地理群变量，地理群分析的最佳结果是建立20个分区。

NEON的数据系统将通过整合局地和区域的测量数据来量化不同分区间的气候变化、土地利用以及物种变化的过程和反应。利用站点的集成数据和高空遥感数据，NEON观测站点的观测尺度就可以从区域的生态过程和反映扩大到对航空遥感和其他地理数据做出反映。

NEON的观测战略提供了有战略意义和有争议的生物学与物理学观测站点，通过统计观测设计，这些站点遍布美国各地。总的来说，这些站点建立了可对全美进行取样的唯一的、有效的手段。这个有效的手段不仅能够确定整个国家的总体变化(通过取样、确定尺度和观测设计)，而且它还像个望远镜，可以观察国家内部的关键问题，区分不通区域生态变化的驱动机制，或者是变化的不同反应，以及物质、有机质和能量传输的样本向量。通过承认生物学既是全球性的，也是高度局地化的现象，NEON战略性地补充了目前观测系统的尺度，并协调了生命在这两个方面的不同尺度的观测要求。尽管NEON设计还不能完全解决所有问题，但是它作为一个研究平台，将成为人类世界中观测、理解和预测环境变化的中枢组织。

八、美国海洋与大气管理局未来20年研究远景规划

（一）美国海洋与大气管理局的远景目标

美国海洋与大气管理局(NOAA)的远景目标是：构建一个信息化社会，充分认识海洋、海岸带和大气圈在全球生态系统中的作用，以支持社会与经济发展最佳决策的制定。

NOAA未来20年研究远景规划提供了NOAA长期研究方法的基础，它将保障NOAA在下一个20年满足社会对信息和产品不断变化的需求，并制定社会与经济发展的最佳决策。

（二）2025年的世界——NOAA在信息决策领域的前景

到2025年，NOAA的环境预报对决策者的影响将普遍存在，其时间尺度分布将从数小时到数月不等。得益于预报能力的巨大进步，龙卷风及其他极端天气事件将几乎不再对人类造成伤害，几乎每个人都将拥有能够对各种环境灾害发出预警的个人电子助手(PEA)。依靠PEA，船长将能轻松获取天气和海洋的最新状况及预报，将每日水下海洋锋和漩涡分析结合起来确定最佳捕鱼地点，船长能够避免其船员暴露于潜在危险的环境中。

在2025年之前，世界将依靠NOAA详尽可靠的环境信息和预测制定最佳的社会与经济决策。这些决策将促进经济增长，增加休闲娱乐机会，保护公众健康，显著减少暴风雨危害，减缓干旱和长期气候变化造成的灾害。

（三）21世纪的社会需求和NOAA

21世纪，对NOAA提供的大气与海洋状况、海洋生物资源生存条件、水权、海上导航、天气预报等信息和综合管理方法的社会需求程度和紧迫性会急剧上升。全球范围的人口增长将会带来许多新的需求，经济、人类福利和环境会受到影响。全球化进程和合作趋势的影响同样会导致社会需求的增加。

——美国及全球人口的增长，将加剧恶劣天气对人类健康、水权、安全和经济投资的影响，人们对天气预报的依赖和期望值也会随之增加。日益复杂的土地规划也将对NOAA的数据获取及数据分析提出更多的需求。

——在世界大多数地区甚至全球范围内，人类对蛋白质的需求将会使渔业资源的重要性不断增长，导致财政进一步向改进渔业资源管理方面倾斜。对渔业生产力的认识和预测能力的需求也将增加，必须扩大海洋养殖以满足人类对食物蛋白质的需求。而这势必对经济和海洋生态系统产生影响。对海洋和人类健康的威胁还包括传染病，需要加强对医药废弃物扩散和传染病患者传播方式的监测。为寻求海洋生物药品以治疗癌症、多发性硬皮病、早老性痴呆症等非传染性疾病，人类将开采海洋自然资源，这同样会对海洋生态系统造成威胁。

——人类的工作、运输和娱乐活动都将使污染继续增长，人类生产的氮和其他副产品将继续从陆地流入海洋，有害藻类极盛繁殖现象(如赤潮的发生)将制约对海洋资源的利用。因此更需要监测和调控来自陆地的富营养化现象。由水体交换和娱乐性垂钓产生的物种入侵的加剧，将增加生物性污染。来自美国及其周边海岸的大气污染物质，同样需要加强监测、模拟和跟踪。

——即使美国和西欧各国等工业化国家减少温室气体的排放，但在全球范围内含碳气体和其他温室气体的排放将继续增加。因为温室气体使全球变暖进一步加剧，美国和其他发达国家将更加重视大气监测，并以此为基础为减少温室气体排放提供经济资助。

——突发事件的潜在危险以及生物、化学和辐射毒素向环境的排放一直在增加，这就要求加强观测和分析力度，并将观测和分析结果纳入联邦、州和地方紧急事务管理者的应急反应系统。

——日益增加的国际贸易需要更多、更大的运输船舶和基础设施，如更宽、更深的航道。通过天气、风和海流的信息预报，大型船舶才能保持最佳航线，航行才能更加快捷与安全。然而，加大和增多的船舶引起的局部拥挤会对经济和环境造成负面影响，并增加人们对公共安全的关注。应对这些增加的风险需要获取定位信息，包括船舶位置、海况、天气、海洋制图等方面的实时信息，以合理安排船舶到达时间。

——在农业、制造业工厂选址，娱乐业决策等方面，长期气候预测的经济重要性将会持续增长。

——加强对生态系统的认识，可以满足社会需求，并使政府更有效地决策和应变。因此，NOAA及其合作伙伴、学术机构、私人组织、国际合作者需要认识并改进其结构和功能，以保证海洋和其他自然生态系统的可持续发展。

（四）21世纪的技术和NOAA

随着社会发展对综合生态系统分析和预测的依赖不断增加，NOAA将不断推出新技术以满足社会需求。NOAA依赖四种关键技术进行环境描述、理解和预测，分别为传感器、平台、信息技术和远程通信。

——能够获取环境中有关生物、化学和物理信息的传感器早就问世了。但由于其中许多传感器价格昂贵和不够耐用而不能应用于环境监测。今后20年，传感器在降低成本和提高耐用性方面将得以改进，将有大量生物可降解性传感器以相当低的价格应用于目标环境的监测。对NOAA来说，在今后20年里，能应用于快速变化的形势、起动态作用的技术将十分关键。

——除了在固定平台上配置自动传感器之外，NOAA还将开发可移动的传感器平台（如无人飞机和自动潜艇）以监视和观测陆地、大气、海洋表层、深海及海底。这种技术将特别有利于对海底的探测与制图。这些性能先进、结构复杂的平台，与上述传感器连接在一起，将为研究者和操作人员提供进行复杂取样的技术。预先置入程序的“智能”系统将以高度优化的方式进行观察和测量。

——随着计算机运算速度以每18个月增加1倍的速率提高，信息技术也将继续发展，有望构建复杂模拟系统和数据管理与分析工具。NOAA将通过数据同化开展基于模拟的分析技术，并解析新型传感器获取的数据。NOAA将采用高分辨率、完整的模式，包括陆基、海岸、海洋、海洋生物资源和大气层的信息。通过这些完整模式，NOAA将能够以更高的分辨率描述、理解和预测环境中各组成部分的相互作用。

——远程通信技术将继续改进其分辨率、带宽容量和有效性。作为支持传感器推广应用关键远程通信技术的全球定位系统(GPS),其分辨率在今后5年内将达到1cm。全球网络将能够容易地把建模和生态信息中心与服务的提供者和使用者无缝隙地连接起来。PEA和强大的数据通信系统的普及,将使用户能够向高性能计算机“回传”(reach back)数据,并利用现代模拟与预测技术满足其个性化需求。社会将越来越依赖远程通信技术,NOAA的空间天气预报对远程通信的管理者和使用者同样更加重要。

上述所有技术将被应用于开发一个完整的全球对地观测系统(GEOSS)。已有的观测系统是由许多针对各种环境信息需求的独立部分组成的。许多这种观测系统是为了单一目的建立的,它们被不同的网络连接并包括各种数据格式和同化方法。集成后的观测系统将能够分析预测大气、陆地、河流和海洋状况,其重点是构成生态系统的水文学、生物学、地理学和化学循环等要素。

(五) 2025年NOAA的产品与服务范例

由于在信息、产品和服务集成方面的巨大进步,NOAA将为美国公众提供易用、无缝隙、完整的信息产品和服务,必将引起美国公众日常生活方式发生难以想象的变革:极端天气事件预警和空气质量预报将得到极大改进;长期气候预报的可信度将不断增加;对渔业、港湾和资源保护的管理将在生态系统水平的科学信息基础上得以提高;海、陆、空各种交通工具将能实时获取重要的环境信息。这些方面的主要进展如下所述:

——强烈暴风雨和天气事件预警将挽救更多的生命和财产。未来更加先进的信息传递系统将能快速传播暴风雨和天气事件预警信息,预警系统本身也将有显著改进。例如,对龙卷风发生次数的预警将会在小时级而不是分钟级。相阵雷达这样的技术、对中尺度天气过程认识的提高及其模式的开发,是我们做到的基础。风暴紧急预警和海啸监测/预警能力的提高可以极大地降低这些灾害对生命和财产的破坏。特别值得一提的是，通过开发和改进基于模式的洪水淹没图，发展深海预警系统，NOAA保护公众免受海啸灾难的能力将有所提高。

——空气质量预报将得以改进并扩展到全国范围。空气质量模型中将不仅包括臭氧这样的污染物，还将包括与"化学天气"有关的所有化学物质和精细颗粒物。这些模型将覆盖整个国土，并能用以解决局部至区域范围的人体健康和空气能见度问题。未来的空气质量模型将同化多种化学成分的观测结果，改进使公众免受点源扩散污染物危害的预报系统，同时空气质量预报将延长到几天甚至更长时间。

——空气质量预报的改进，除了延长对暴风雨、海啸和洪灾的预报时间尺度外，还将为美国社会创造可观的经济收益。更加及时和准确的预报、预警和信息利用将为美国社会挽回数十亿美元的生命和财产损失。

——NOAA将做出从季度到年代尺度的气候预测，并明确阐述其不确定性水平。要实现这一点，需要增加观测数据，提高对地球系统的认识，加快、普及信息技术并降低其成本，普及远程通信技术并降低其成本。

——随着对不确定性的明确阐述，与气候相关的产品将逐步转向区域水平。NOAA将发起并提高认识关键过程的研究，旨在降低预报的不确定性，提高对预测能力与预测局限性的认识。对气候结果的陈述会成为标准，并将形成提高决策者和公众使用气候产品的架构。提高对季节性气候预报应用的重视，将有助于资源管理者更大程度地减轻洪涝和干旱灾害对农业和其他方面的影响，更好地管理水资源，阻止易受温度影响的疾病的传播。

——美国易受天气和气候影响的产业年产值近30000亿美元，其范围涉及金融业、保险业、房地产业、零售业、批发贸易和制造业。其他的耗水或非耗水产业，如农业、能源产业、供水和公共卫生业、洪水控制以及航海等产业都是美国经济的支柱，但至今美国的许多大型水库并未充分发挥其作用，部分原因是目前尚不能准确地进行季节性气候与径流量的预报。

——NOAA将为应用生态系统理论管理海岸和海洋资源提供科学支撑，以便运用综合、可靠的科学信息解决复杂的社会问题。NOAA的远景规划包括：探索各种重要生态系统指示因子的科学基础；寻求测量这些指示因子的高度自动化观测系统；构建评价多种生态系统胁迫的源泉与社会成本和利益的类型间权衡的模型。总之，我们想将研究成果转化为科学知识丰富、高度技术化和计算机化的决策支持工具，以便提供有意义的、敏感的、可靠的科学建议和信息产品，进而利用生态系统方法进行有效的管理。

——对生态系统的研究将有助于提高物理的、化学的和生物的相互作用的认识，将增进连接生态系统与环境变化模型的能力，这对减少与生态系统结构和功能相关的不确定性十分重要。观测能力将得以提高，并将形成多时空尺度上的新的物理-生物耦合模型。对营养级、生物链的认识将会提高，并最终完全与气候变化联系起来。基于这种信息，NOAA将对一整套生态条件进行有效预测，包括渔场、缺氧症、有害藻类繁盛、海岸退化和水质问题等方面。

——构建更好的海岸带与海洋决策支持工具，探测丰富的海洋资源，将支持国家转移到以生态系统为基础的管理方式上来。关键的问题是更好地管理海岸带资源，减少人类影响，确保可持续发展能力，增进人类健康，提高生活质量。改进的科学化信息将使人类能更好地处理各种问题，如海洋食品生产、有害藻类过盛繁殖、珊瑚礁衰退事件，以及物种入侵引起的生态系统恶化等。

——NOAA将引领有利于国家的海洋探测计划。对人类而言，海洋还有许多未知的奥秘。海洋探测还将以海洋的物理、化学、生物、地质的未知领域为特征，为生态系统与气候研究提供新的假说。发现海难遗物及其他沉入海中的文化资源有助于现代文明了解其过去，也许还能解开许多未解之谜。人类将有意想不到的从海洋受益的机会，海洋中的生物也许就是药物宝藏，也许还能发现新的能源和食品资源。海洋勘探将有助于新型传感器与平台技术的试验与开发，并推进人类对海洋过程和海洋资源的认识。

——海、陆、空交通工具将获得实时的天气、定位、地形及其他相关环境信息。信息和远程通信技术包括高分辨率GPS的进步，将使以上设想得以实现。在美国，每年因不良天气条件引起的交通事故达150万次，造成80万人受伤，7000人死亡。此外，交通运输中人员和货物的严重延迟，还导致巨大的经济损失。约70%的飞机延迟事件是由不良天气造成的，每年损失约42亿美元，而如果有更好的观测手段和天气预报，这些人身伤亡与财产损失就是可以避免的。改进的交通天气预报和导航可以大大降低事故的发生并减少经济损失。

为满足交通需要，NOAA的研究将整合实时观测、大气和海洋现报与预报，以及运用先进的可视化、电子自动决策支持工具和服务进行的位置追踪信息。这些研究将集中于提高模式的技能、应用性、不确定性评估、定位精度、数据可视化方法，特别是开发新型电子导海图等方面。

改进导航工具、实时观测、现报与预报海洋学产品，加上GPS辅助导航，将为社会提供更加安全、高效的港口，在不减少旅客安全空间、港口基础设施，不破坏动物栖息地和生态系统的情况下，扩大港口的容量。

（六）NOAA研究现状

为了更好地理解NOAA研究规划，有必要从NOAA制定目标任务结构的角度对NOAA研究现状进行分析，包括生态系统、气候、天气和水资源、商务与运输（表2-1）。

表2-1 2025年NOAA产品与服务个例

生态系统	与预报和缓解战略相关的有：缺氧症、有害藻类过度繁殖、海滩封闭、入侵物种、海浪、空气/水的质量和数量 与气候变化有关的生态评估与预测(如珊瑚礁脱色) 在生态系统水平上合理的渔业管理、滩涂开发和海洋资源管理的决策支持工具 海平面变化对海岸带资源和生态系统影响的评估 更好地综合海岸带生态系统管理者使用的观测数据 考虑气候变化影响的渔业生产力预测
气　候	利用地球系统模型改进的季内到季度到年代尺度的气候预报 包含养分流失的水资源与干旱预报 与天气相关的疾病预报(如疟疾、SARS、西尼罗病毒等) 海平面变化的预测 未来气候减缓和适应研究的方案，包括土地利用变化 气候信息与评估的决策支持系统
天气和水资源	与合作单位共同提供邻国水平的天气预报，以及同目前7～10天预报一样准确的10～14天预报 提前1小时或更长时间做出县域水平的大风暴和龙卷风轨迹预报 区域和大陆尺度的空气质量和大气化学成分预测模式 改进的河流流量预报模型，预测从干旱到洪灾时的流量水平，及其与地下水、水资源利用、港湾和海岸的相互作用 用于农业和泥石流预警的新型土壤湿度预测模型 保护公众免受特殊点源排放的有害物质危害的新型系统
商务与运输	建立实时大气延迟模型(对流层和电离层)，使实时GPS定位的精确度达到厘米水平 用具有高空间分辨率和精确度的测量数据支持安全导航和生态系统研究 研制能随时探测和响应环境条件变化的车辆、船舶，以及能实时获取天气信息和制定路线的工具 带有电子地图、导航系统和预测模型的先进的实时观测系统 增强航空管理的安全性和容量的新仪器、新技术和新过程 对运输时间、信赖度、有效性、货物运输成本以及环境健康起作用的决策支持工具

（七）全球生态系统预测新典范

展望2025年，NOAA的产品与服务在当前研究基础上将有显著的进步。下列活动将支持这一目标的实现：

——对陆地、海洋、大气层和太空进行监测与观测，建立跟踪地球系统变化的观测与数据采集网络；

——通过信息的调查与解读，认识并描述自然系统是如何运行的；

——评估和预测这些系统的变化并提供关于未来的信息；

——吸收更多的个人、合作伙伴和社会团体、企业成为NOAA的信息用户，确保协调与合作，为其使用、评价和应用NOAA的信息提供帮助；

——管理海岸带与海洋资源，尽可能使环境、经济和公共安全从中受益。

第三章

未来50年中国社会经济发展趋势及其对生态与环境科技的需求

一、人口增长趋势及其驱动作用

中国人口增长具有显著的阶段性。特别是20世纪80年代以后，中国人口的增长逐渐平缓，进入2000年以后人口的增长前所未有地放缓。因此，考虑到中国人口增长的阶段性以及人口增长的特点，不宜采用对数模型进行预测。根据人口预测模型的研究，生长模型的预测效果较好。

利用SPSS软件的曲线拟合分析工具对1949～2007年的人口数据进行Logistic曲线拟合。根据联合国经济及社会事务部人口司的预测，中国的人口将在2030年达到峰值，届时人口将超过14.5亿。据此趋势到2050年时，人口将达到15亿左右。

按照中国人口增长的趋势，至2020年人口将控制在14.5亿以内，2030年超过14.5亿，2050年达到15亿，人口的增加相应地引发就业、物质供应与社会保障、能源消耗、污染物排放增加等一系列社会经济和环境问题。人类对全球生物圈的影响控制着生态系统功能的许多主要方面。当前，世界上大部分可获得的淡水、可耕地、渔业产量、氮排放、二氧化碳平衡和生命繁衍都受控于人类。人类活动极大地影响进化结果的同时还显著地加速物种进化的改变。

二、城市化及其驱动作用

观察1949～2007年的城镇人口总量变化(图3-1)，可以发现城镇人口的增长具有非常强的规律性，可以用Logistic模型确定中国城镇人口总量的上限进行城镇人口总量的预测。按照已有的研究，中国在20世纪80年代城镇化率达到25%时就已进入城市化的中期快速发展阶段。至2020年城市化率将达到55%，2030年达到65%，2050年将达到70%以上。中国的城市化率达到50%～60%就可以进入城市化后期的减速发展阶段，城市化率将趋于稳定。可以预见，在未来50年，中国城市化率将继续快速发展并在中后期逐渐放缓。

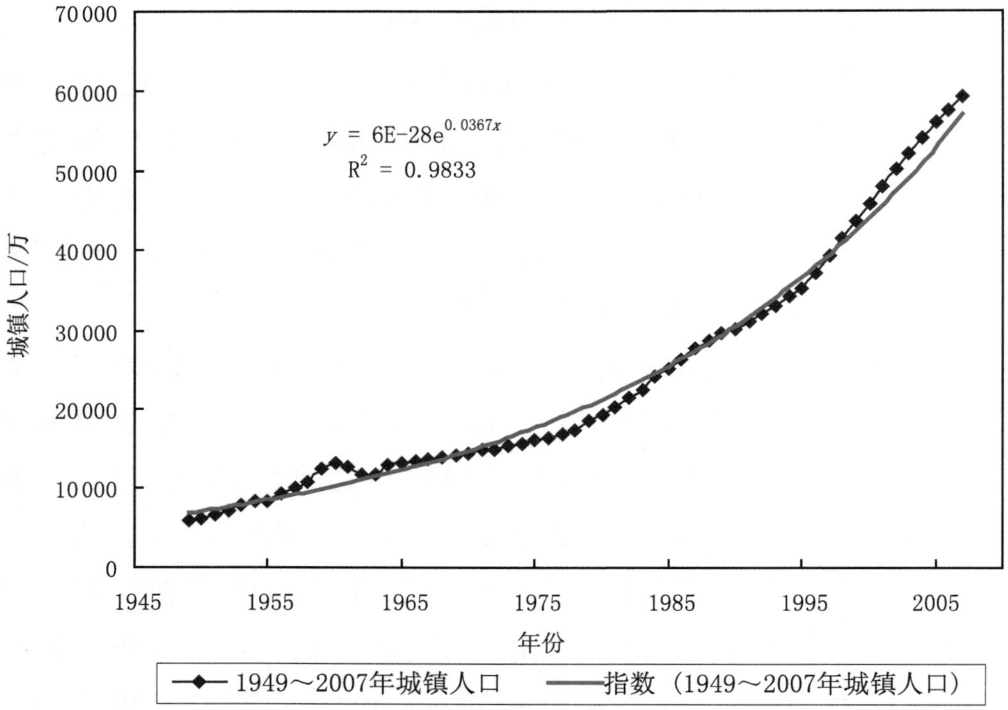

图3-1 1949～2007年中国城镇人口变化

城市化过程带来单位面积物质代谢和能源消耗强度增加、土地利用方式的改变以及人口集中带来的传染病扩散等。我国每年新增城市用地15万hm^2，水资源消耗量增加200万～300万t，能源消耗175万tce，生活废水排放量180万～240万t，废气污染也会大幅增加，生活垃圾也将以每年2.6%的速率增加，等等。因此，在我国城市化发展过程中，城市生态环境面临的压力是巨大的。这些问题如果不能很好地解决，将持续作用并制约城市的可持续发展。

我国的城市化趋势在2020年前处于高速城市化阶段，将推动城市化与环境质量领域科技的快速发展，而且根据我国城市化的区域差异：2020年前应主要针对我国东部沿海的四大城市群（珠江三角洲城市群、长江三角洲城市群、海峡西岸城市群、环渤海城市群）开展研究；2020～2030年主要研究中部城市群（长株潭城市群、中原城市群、武汉城市群）；2030～2050年逐步扩展到西部地区。

三、经济发展

（一）人均GDP的增长

人均GDP是衡量一国经济发展水平的主要指标。从中国1952～2006年的人均GDP指数（1952年＝100）增长的趋势来看[图3-2(a)]，中国的经济发展大致经历了三个阶段：第一阶段是新中国成立后到改革开放初，实际人均GDP的增长相当平缓；第二阶段是改革开放后到1990年，实际人均GDP增长开始起步；第三阶段是1990年以来，实际人均GDP的增长速度极其迅猛。第一阶段的波动性较大[图3-2(b)]，第二阶段和第三阶段的增长非常稳定，两个阶段可以分别用指数模型非常准确地进行拟合[图3-2(c)，图3-2(d)]。

中国要在2050年左右达到中等发达国家的水平。基于1978年改革开放以来的数据，可以建立一个指数增长模型，由图3-2(e)可见，该模型可以非常准确地拟合过去30年中国经济的发展状况，从而可以据此预测未来30年左右中国经济的发展趋势。

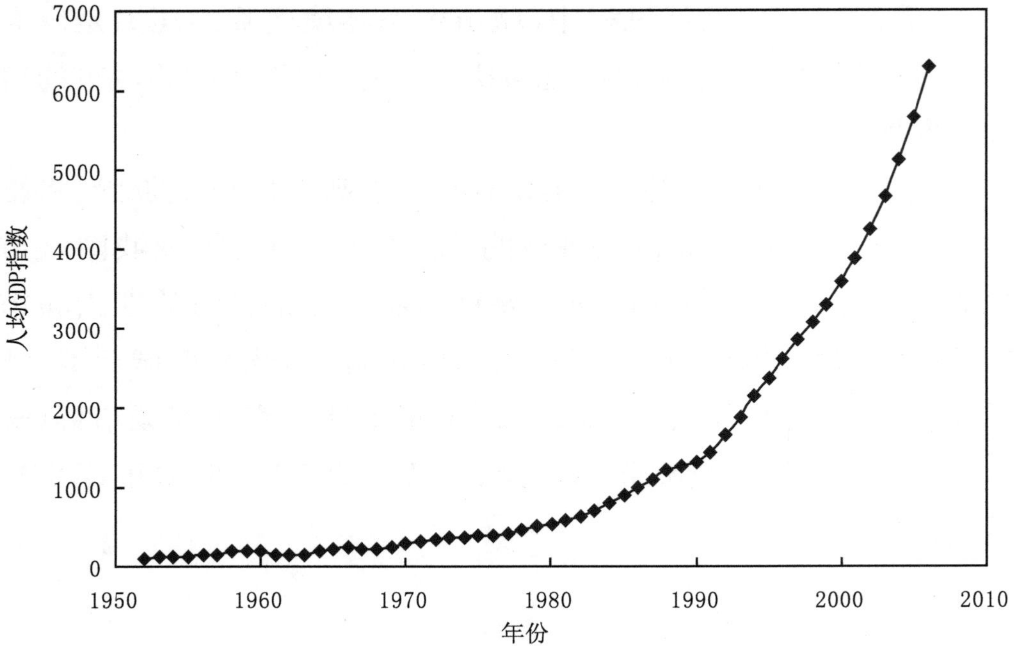

(a) 1952～2006年人均GDP指数

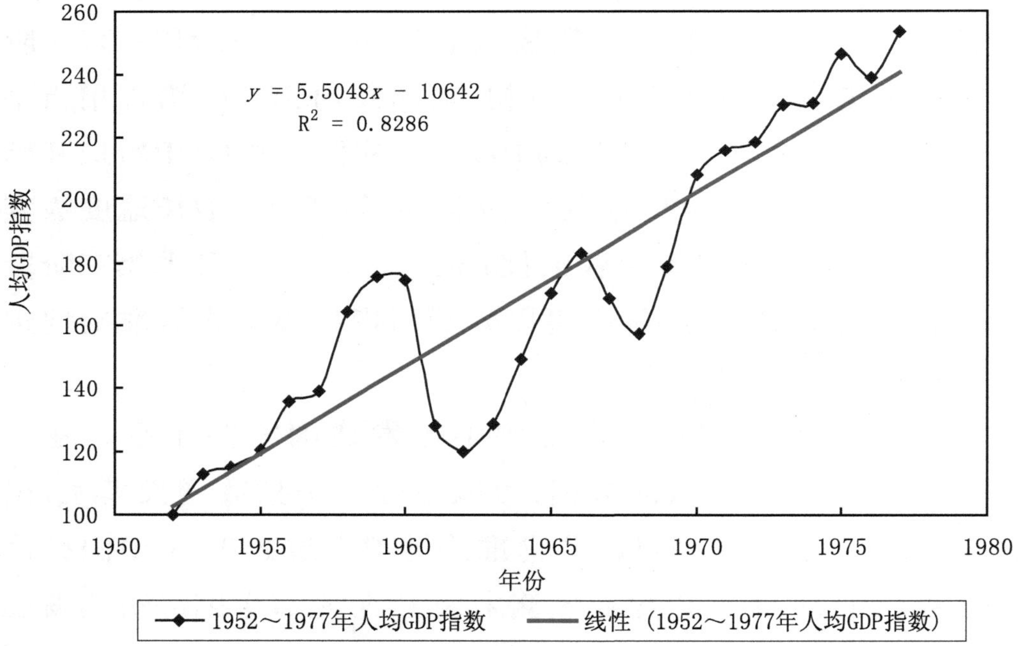

(b) 1952～1977年人均GDP指数及其拟合

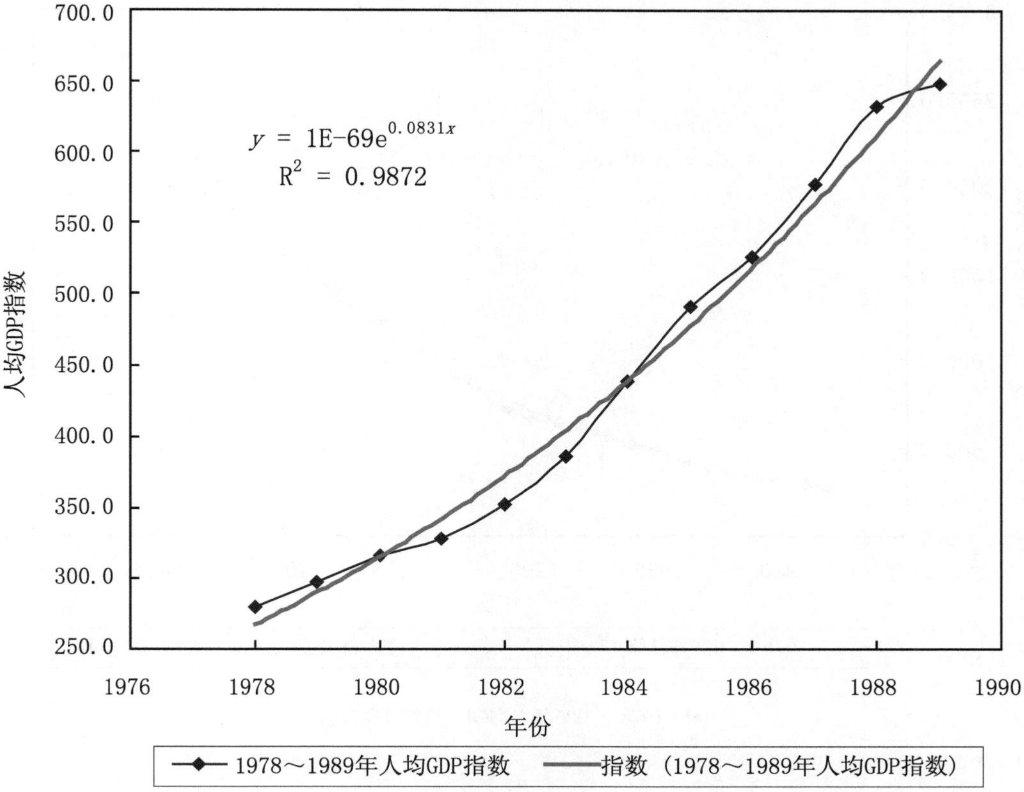

(c) 1978～1989年人均GDP指数及其拟合

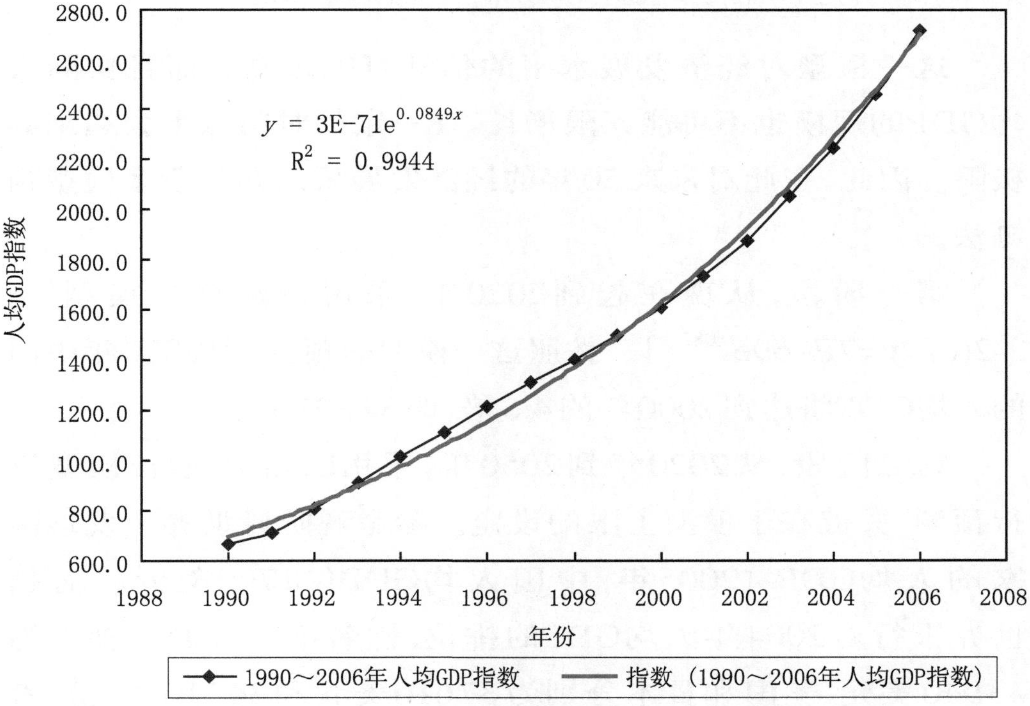

(d) 1990～2006年人均GDP指数及其拟合

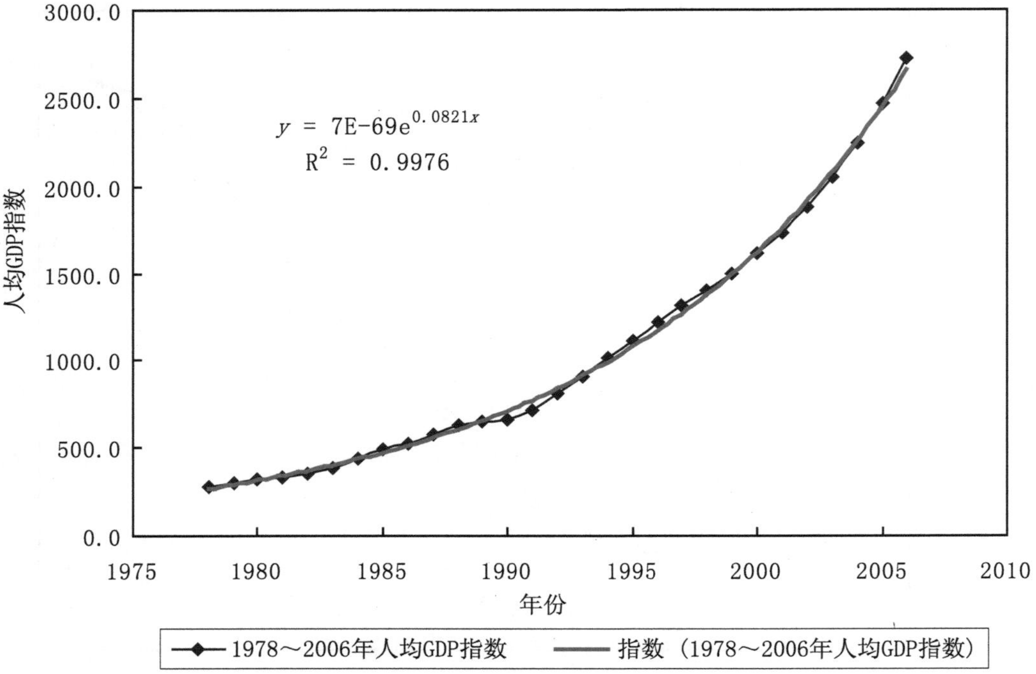

(e) 1978～2006年人均GDP指数及其拟合

图3-2 1952～2006年中国人均GDP指数及其拟合

资料来源:《新中国五十年统计资料汇编(1949–1999)》,《中国统计年鉴2007》

这一模型对经济发展水平的估计可能过高。而且实际人均GDP的规模也不可能无限增长,在一定的时间点上会达到其极限。因此,在此对未来50年的经济发展采用两阶段多模型预测法。

第一阶段,从现在起到2020年,采用指数增长模型[图3-2(e), y=7E–69e$^{0.0821x}$]。按照这一模型的预测,到2020年中国的人均GDP将达到2000年的4.6倍,即34 891元。

第二阶段,从2020年到2050年,采用Logistic增长模型进行预测,关键在于模型上限的设定。参考现阶段世界上发达国家的人均GDP（2005年,中国人均GDP仅1700美元。而据世界银行对2004年人均GDP的排位,排名第一位的卢森堡为43 940美元,美国和日本分别为37 610美元和34 510美元),考虑到中国的实际情况,可以将美国的人均GDP作为上限设立参考点。也就是说上限大约是2004年的22倍,即上限人均GDP

指数为2004年指数2242.7的22倍，即49 339美元。因此上限可设为50 000美元。

按照这一上限，利用SPSS软件进行拟合可得模型$y=1/(1/50000+1.99E+49*0.941406^x)$。同时为了和第一阶段衔接，2020年两个模型预测的差值为3106.862，第二阶段预测值需加上这一差值。这样得出的2050年人均GDP将达到2000年的12.8倍。整个预测模型如图3-3所示。

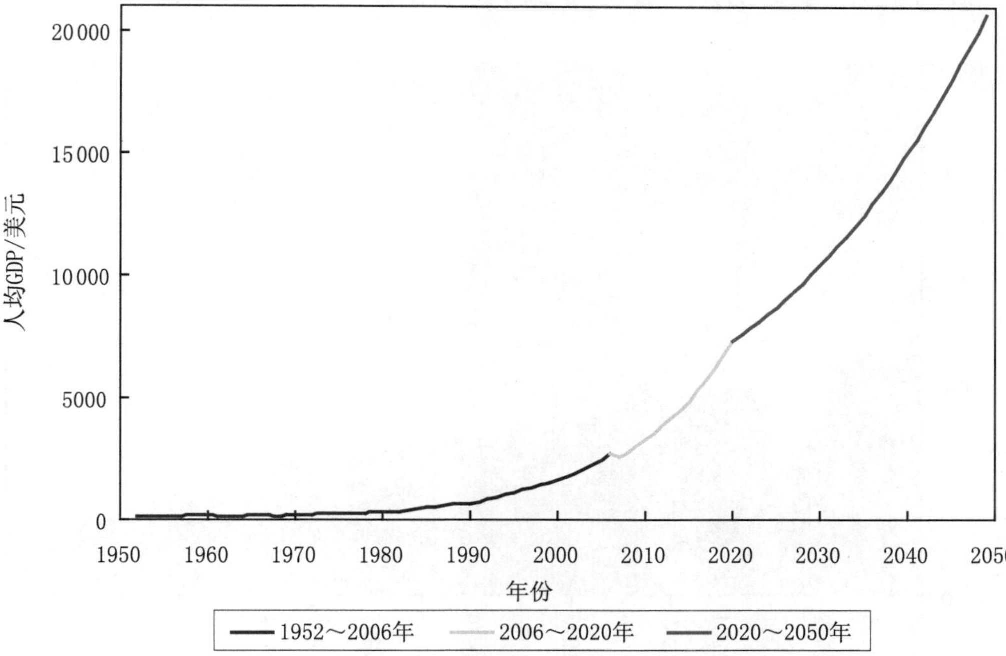

图3-3　至2050年中国经济发展预测

（二）产业结构升级

中国1952～2006年的产业结构演变大致符合产业结构的一般演进规律(图3-4)：第一产业在国民经济中的比重总体上处于不断下降的过程；第二产业和第三产业的比重则相应地上升。第二产业自20世纪70年代以来在国民经济中一直占据比较大的比重，总体上历年比重都要大于第三产业；但是第三产业在80年代以后，总体上呈现出强劲的发展势头，在国民经济中的比重一直在上升。一般认为，中国目前正处于工业化中期阶段，在今后相当长一段时间，工业化仍将是中国经济发展的主要动力。

未来20～30年内，中国估计将完成工业化。其后第三产业的比重将持续上升，成为经济发展的主体。

中国未来50年的高速经济增长和产业结构转变意味着更为严重的环境挑战：一方面，快速的经济增长将会导致更多的环境污染；另一方面，至2050年，工业部门和服务业以及交通运输部门的产出份额上升也意味着更具污染性的产业结构。在技术方面，虽然作为中间投入品，煤炭的使用强度有望减少，但石化产品的使用可能增加，这将导致大气污染物的大量增加。

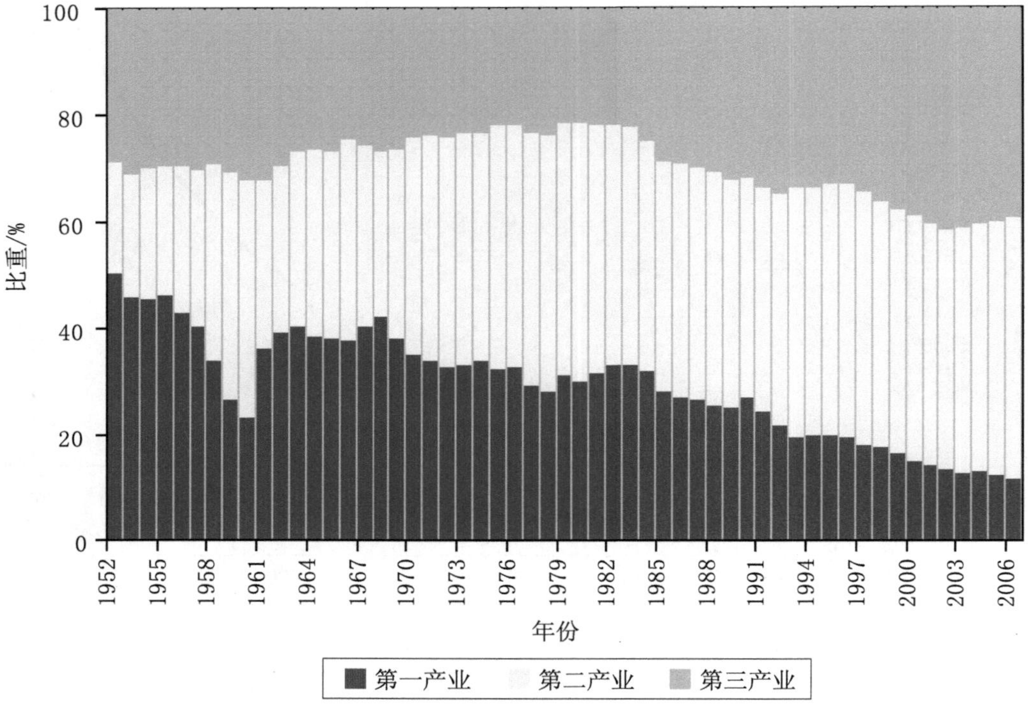

图3-4　1952～2006年产业结构变化

资料来源:《新中国五十年统计资料汇编(1949–1999)》,《中国统计年鉴2007》

四、消费方式

图3-5显示了始于1978年至今以及未来所呈现出来的转变趋势。由图3-5可见，无论是城镇居民家庭还是农村居民家庭，收入指数一直呈现出上升的趋势，基本上没什么波动，农村居民的纯收入指数在2006年之前一直高于城镇居民的可支配收入。而恩格尔系数无论是城镇或农村居民都有一定的波动，但是在

总体上呈现出下降的趋势。

就未来的发展趋势而言，未来农村居民纯收入指数和城镇居民可支配收入指数仍将继续上升，但是相应地恩格尔系数却将继续下降。也就是说，随着居民收入的增加，恩格尔系数在减少。因此，在增加的收入部分居民将更多地用于更高端的消费，并可能呈现出多元化趋势。从目前一些发达地区的消费方式来看，耐用消费品、房产、汽车等将成为未来城镇居民收入的主要消费对象。农村居民的恩格尔系数相对于城镇居民下降得比较慢，但是其消费方式也将逐渐向城镇居民靠拢。这种消费方式的转变，可能作用于产业的发展，从而进一步引导产业发展的方向。

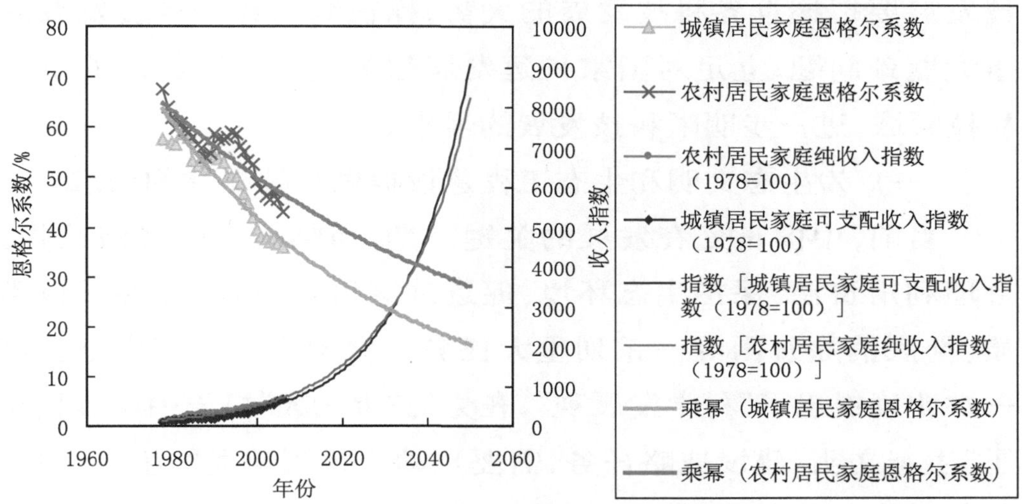

图3-5 中国消费方式的变化趋势

未来50年，一方面大多数国民要从贫困和温饱走入小康，物质生产与消费规模将不断扩大；另一方面资源消耗日益增加，后备资源不足将会突现出来。此外，人们日益增加的物质消费还将大规模增加废弃物的数量，从而使生态与环境问题更加突出。

五、未来50年生态与环境科技的需求

中国经济社会的高速发展在带来巨大的社会与经济效益的同时也带来过多的环境弊病，其中一些已达到令人咋舌的程度。伴随人口增加和社会行为的演变，人口将在今后的几十年内继续增加，将消耗更多的资源；经济发展和消费方式的转变（如一

次性产品的使用、追求舒适购买汽车和房子等)也给生态与环境带来越来越大的压力;城市化发展也将伴随着单位面积物质代谢和能源消耗强度增加、土地利用方式的改变和人口集中带来的传染病扩散。国际上发达国家凭借其坚实的知识基础、高效的创新体系,使知识源源不断地生产出来并迅速转化为商业价值和社会价值,处在全球知识社会发展的"领跑者"行列。中国在追赶先进国家的过程中,更加注重知识的应用,通过强化知识的消化、吸收和再创新,将外来知识转化为自身财富,并不断缩小与知识生产先进国家的差距。

科技是引领经济社会发展的主导力量。中国生态与环境科技发展要把握世界科技发展的大势,抓住制约经济社会发展的重大瓶颈问题,立足对国家长远发展起关键与先导作用的重要科技领域,进一步明晰科技发展的需求。

(一)为生态文明和生态工程建设提供科技支撑的需求

当前,中国正处在发展的关键时期,面临着优化经济结构、合理利用资源、保护生态环境、促进地区协调发展、提高人口素质、彻底消除贫困等一系列重大任务。党的十六届三中全会第一次明确提出了"科学发展观",在党的"十七大"报告中明确提出了"生态文明"建设战略任务,需要启动一系列重大的生态工程。这些重大战略的实现都需要深入揭示中国的生态、环境和资源的时空分异规律,揭示中国人地系统的演变机制,科学地预测未来一定时期发展的情景,需要全方位、高时空分辨率的生态环境的动态监测数据的支持。

(二)为自然资源管理、优化配置和区域可持续发展提供科技服务的需求

资源供给及其持续利用、保护与改善环境、促进生态系统良性循环、减轻灾害所造成的损失、协调人与自然的关系等问题,是人类社会进入21世纪寻求可持续发展所面临的根本性、战略性问题,贯穿于国家经济建设的全过程,渗透在人类社会发展的各个方面。解决这些问题的核心是优化配置和管理自然资源的

国家方案，以协调区域的可持续发展。需要国家尺度的生态、环境监测和试验数据的支持，需要在不同类型区建立生态系统观测试验站，开展应用基础与应用技术综合研究与试验，为本地区资源利用、环境保护与产业发展提供优化模式、关键技术与配套技术，并进行示范推广，从而推动区域经济发展。

（三）为生态环境建设提供科学知识和配套技术的需求

生态环境是人类生存和发展的基本条件，是经济和社会发展的基础。根据中国生态建设规划，到2050年全国建立起基本适应可持续发展的良性生态系统，全国适宜治理的水土流失地区基本得到整治；宜林地全部绿化，林种、树种结构合理，森林覆盖率达到并稳定在26%以上；“三化”草地得到全面恢复。但中国生态环境建设学科领域原创性科技成果还较少、技术储备不足、技术集成度较差、高层次人才缺乏，需要长期地开展对生态系统和环境演变的动态监测、驱动力的动态分析以及生态过程的机理揭示，为解决中国生态环境建设的重大现实科技问题提供强有力的科技支撑。

（四）满足应对全球环境变化和全球经济一体化的科技需要

全球环境变化和全球经济一体化的发展趋势使得国家政治安全和经济安全显得越来越重要，中国的崛起需要在国际事务中发挥更大的作用，需要在维护世界的政治和经济秩序中承担应有的负责。我们既要参与国际规则、国际公约的谈判和指定，又要履行国际公约规定的各项义务。全球气候变化和全球经济一体化要求中国生态环境研究必须充分利用国内外对生态系统研究发展提供的有利条件以及我国的区域优势，开展不同区域、不同尺度的生态过程和格局变化的综合监测和科学研究，为全球变化研究和可持续发展研究作出独特的国际贡献。

（五）为履行国际公约和国际合作提供科技支持的需求

全球变化引起的各种环境问题已经成为国际外交重要议题，其地位也会更加突出，与此同时全球的环境问题和对策对我国的经济发展的影响也越来越大。中国是世界上最大的发展中国家，环境问题尤其受到国际上的广泛关注。目前，中国已经签署的国际环境条约、公约和协议（不包括双边条约、协议等）有30多项，内容广泛涉及全球气候变化、臭氧层保护、生物多样性变化、湿地保护、荒漠化防治、海洋环境保护、物种国际贸易、危险废物控制等。在这些国家环境外交活动中，中国政府需要以国内外全面、翔实的科学观测和研究数据为依据。

（六）为国家积累长期空间化的科学数据，推动地球系统科学发展的需求

中国自然环境复杂多样，形成了许多颇具特色的地理–生态单元（如沙漠、冰冻圈、黄土高原、喀斯特地区、内陆河、农牧交错带、干旱河谷等），它们既是受自然条件约束、面临许多难以解决的问题的地理区域，又是地球系统科学研究的热点区域，也必然是以研究资源、环境、生态、灾害和人类空间行为相互作用为主要任务的地球系统科学研究的主要对象。系统开展中国不同区域、特色地理–生态单元的观测和研究，系统整合各种类型的生态环境信息，为国家积累长期的空间化的科学数据资源，不仅是解决制约中国经济社会发展的重大资源环境问题的需求，也是积累国家数据资源，推动中国地球系统科学发展、科技创新的重大需要。

（七）保障环境安全的科技战略需求

中国整体生态环境状况已进入大范围生态退化和复合性环境污染的新阶段，发达国家上百年工业化过程中分阶段出现的环境问题正在中国集中出现。环境面临日益增大的污染压力，环境污染的发展趋势也将在很大程度上取决于经济社会发展模式、环境污染控制策略、环境管理水平、污染治理技术水平与治理措施落实程度等。而与此同时，环境污染问题长期以来缺乏系统性、协同性和创新性的科学研究，环境污染控制的技术支撑比较薄弱，监管平台尚没有完善。环境状况随着社会经济快速发展而下降乃至突变的潜在危险态势严峻，可以预计，未来5～15年，甚至更长时间内，伴随中国经济社会的高速发展，环境

污染问题的瓶颈制约与胁迫影响将日益严峻。面对中国环境污染严峻的现状与发展态势，环境污染控制、治理、修复和保障环境安全将成为环境污染防治的国家重要科技战略需求之一。

（八）维护生态系统健康的科技战略需求

中国环境和社会经济背景已发生了显著变化，并随着经济进程和城市化进程而加速变化，自然生态系统正经历着深刻而影响深远的变化。当前及未来较长的时期内，中国生态环境面临的最为主要的威胁包括：①生态环境中持续稳定存在的化学物质所带来的高环境风险；②生物多样性丧失和生态系统服务功能下降。面对中国环境污染严峻的现状与发展态势，尤其是大量化学品进入环境后复杂的迁移转化过程和复合污染效应及表征行为，生态健康与环境安全领域仍然没有取得突破性进展，无法为多尺度上不同污染特征、传输规律、控制指标的退化生态系统修复提供有效的技术支撑。在未来较长的时期内，以环境安全和生态风险控制为核心的生态系统健康科技战略将是中国环境污染防治的国家重要科技战略需求之一。

（九）预防与减轻天气和气候灾害的国家需求

中国地处东亚季风区，东临太平洋，西有青藏高原，气候空间分布状况复杂，其中包括西部以戈壁和沙漠为主的典型干旱区、中东部以黄土高原和草原为主的半干旱区，以及东部的湿润区。受地理位置和区域内独特地形和地貌条件等因素的共同影响，中国是全球气候变化的敏感区域和脆弱区域。

20世纪70年代后期以来，在全球气候变暖加剧的背景下，中国气候发生了很大的变化，表现为大范围地区干旱、洪涝、酷暑、持续性暴雪、冰冻等重大天气和气候灾害的频繁发生，如1976年之后华北持续干旱、1998年夏季长江流域特大洪涝等。近些年来，中国每年遭受干旱和雨涝灾害的耕地面积多达5亿多亩，造成的粮食减产量约为200亿kg，在20世纪90年代年均造成的经济损失高达2000亿元左右，约占到当年国民经济总产值的3%～6%。进入21世纪以来，中国天气和气候灾害有明显加剧的趋势，给国民经济带来了更为严重的损失，如2006年重庆地区大旱、2007年淮河流域严重洪涝、川渝粤等地致洪暴雨、2008年初南方严重雨雪冰冻灾害等。这些与全球气候变化背景紧密相关的天气和气候灾害给工农业生产、国民经济、人民生命财产造成了严重损失，带来了一系列重大环境和社会问题。

第四章

全球生态与环境变化的趋势

一、气候变化

世界气象组织和联合国环境规划署设立的政府间气候变化专门委员会(IPCC)于2007年推出了第四次评估报告，明确地指出人类活动已经对全球气候产生了显著影响，特别是近半个多世纪以来。此外，在1906～2005年全球地表气温上升0.74±0.18℃的基础上，该报告预估21世纪末全球气候将会继续偏暖1.1～6.4℃。目前的政策和温室气体排放趋势将导致全球温度快速升高。预计到2050年，温室气体的排放量将比2005年高37%，并且将对自然和人类社会产生一系列广泛的影响。因此，需要扭转排放趋势以保护气候，使到2050年全球温室气体的排放量显著低于当前水平。排放增长的关键驱动力是化石燃料的使用和非可持续的土地利用政策，包括森林砍伐。到2050年，农业排放和废弃物排放也将成为温室气体排放增长的主要驱动力。

观测到的气候变化

气候变暖是毋庸置疑的，目前从全球平均气温和海温升高，大范围积雪和冰融化，全球平均海平面上升的观测中可以看出气候变暖是明显的。

根据全球地表温度的器测资料(自1850年以来),最近12年(1995~2006年)中,有11年位列最暖的12个年份之中。最近100年(1906~2005年)的温度线性趋势为0.74℃ [0.56℃至0.92℃](方括号内的数字表示某个最佳估值的可能性为90%的不确定性区间,即该值可能大于方括号内给出范围的可能性估计为5%,而该值低于这一范围的可能性为5%。不确定性区间并不一定是对应于某个最佳估值的前后对称值),这一趋势大于第三次评估报告(TAR)给出的0.6℃[0.4℃至0.8℃]的相应趋势(1901~2000年)。全球温度普遍升高,在北半球高纬度地区温度升幅较大,陆地区域的变暖速率比海洋快。

海平面的逐渐上升与变暖相一致。自1961年以来,全球平均海平面上升的平均速率为每年1.8mm [1.3mm至2.3mm],而从1993年以来平均速率为每年3.1mm [2.4mm至3.8mm],热膨胀、冰川、冰帽和极地冰盖的融化为海平面上升作出了贡献。在1993~2003年期间,海平面上升速率加快是否反映了年代际变化,还是更长期的上升趋势,目前尚无清晰的结论。

已观测到的积雪和海冰面积减少也与变暖相一致。从1978年以来的卫星资料显示,北极年平均海冰面积已经以每10年2.7% [2.1%至3.3%]的速率退缩,夏季的海冰退缩率较大,为每10年7.4% [5.0%至9.8%]。南北半球的山地冰川和积雪平均面积已呈现退缩趋势。

1900~2005年,在北美和南美的东部地区、北欧和亚洲北部及中亚地区降水显著增加,但在萨赫勒、地中海、非洲南部地区和南亚部分地区降水减少。就全球而言,自从20世纪70年代以来,受干旱影响的面积*可能*(斜体字表示经过核准的对有关不确定性和可信度的表述)已经扩大。

很可能自过去50年以来:在大部分陆地地区发生冷昼、冷夜和霜冻的频率已经减少,而热昼和热夜则已变得更加频繁。有可能:在大部分陆地地区,热浪已变得更加频繁;在大部分地区,发生强降水事件的频率已增加,并从1975年以来,在全世界范围内,极端高海平面(海啸除外,海啸不属于气候变化引起的事件。极端高海平面取决于平均海平面和区域性天气系统。在本报告中,极端高海平面的定义是:在某个特定的基准期内,某个台站每小时海平面观测值中最高的1%部分)事件已增多。

有观测证据(在很大程度上根据自1970年以来整个时期的各类资料集)表明,自从大约1970年以来,北大西洋的强热带气旋活动增加,但在世界其他地区强热带气旋活动增加的证据有限。热带气旋年度个数尚无清晰的变化趋势。目前尚难以断定气旋活动是否存在更长期的变化趋势，特别是在1970年之前。

在20世纪下半叶，北半球平均温度*很可能*高于过去500年中任何一个50年期，并可能至少是过去1300年中平均温度最高的50年。

二、空气污染[10]

预计到2030年，城市空气质量将进一步下降。在大多数地区，空气中可吸入颗粒物(PM_{10})的浓度已开始超过其目标水平。在OECD国家，人为空气污染的主要来源仍然是公路交通运输和化石燃料的使用。在很多发展中国家，木材的燃烧也是空气污染的主要来源。近几十年来，大多数发达国家已减少了空气污染，并且使其与经济增长解耦(decoupling)。然而，来自其他国家的污染正在逐步破坏当地城市的空气质量管理，使之成为一个国际性问题。另外，治理航空和航海引发的空气污染要落后于公路交通。因此，在应对空气污染时，应更加关注海洋运输、处理地面空气污染物质的前体物，并且在本国空气质量政策中考虑空气污染从一个大陆到另一个大陆的传输等都是很重要的。

治理全球空气污染问题迫在眉睫

空气污染目前是全球最严峻的环境问题之一。发展中国家目前正面临20世纪中叶以来发达国家所面临的几乎同样严重的空气污染问题。世界资源研究所发布的报道《治理全球空气污染问题迫在眉睫》，从发达国家的视角分析了目前全球，尤其是中国等发展中国家所面临的空气污染的现状与挑战。

户外空气污染，不论是可见的阴霾还是无形的臭氧和一氧化碳，几乎是世界上每个国家都存在的问题。

仅户外空气污染预计每年就会导致80万人死亡，此外，还有由于室内空气污染导致160万人的过早死亡。在许多城市地区，尤其是发展中国家，空气污染是对人类健康最大的环境威胁。

然而，那些一度被严重污染的发达国家与发展中国家城市，已经有能力显著改善空气质量并使其保持在安全水平以内。这些城市的成功经验通常源于严格的标准、合理的法规以及交通综合解决方案的成功结合。

空气污染的类型

据检测，3种广泛存在的空气污染物对环境与人类健康的危害最大：①二氧化硫，在冶炼或者其他工业过程中，由含硫量高的化石燃料在燃烧过程中产生；②氮氧化物，由移动源（如汽车）和静止源（如发电厂）产生；③颗粒物，即指悬浮在空气中的细小颗粒，颗粒物根据粒径大小来进行分类，粒径小于10μm 被称为PM_{10}（可吸入颗粒物），粒径小于2.5μm被称为$PM_{2.5}$（可入肺颗粒物），汽车、发电厂和工业过程都可以产生颗粒物。

其他的污染物还包括：①一氧化碳，一种无味气体，主要由那些没有安装催化转换器的汽车排放，工业生产中化石燃料的燃烧也会排放一些一氧化碳；②铅，一种由使用含铅汽油的汽车排放的颗粒物质；③臭氧，由挥发性有机物和氮氧化物在某些天气情况（晴朗、无风的日子）下产生；④挥发性有机物，包括碳氢化合物、乙醇、乙醛和乙醚，碳氢化合物在臭氧形成中发挥作用，并且由工业过程以及汽车尾气产生。

全球范围的空气污染

在美国以及其他发达国家，氮氧化物和二氧化硫的排放通常与使用化石燃料的发电厂有关，随着发电量的增加而减少。汽车尾气中的氮氧化物和二氧化硫水平也有所下降，尽管自1970年以来，美国汽车里程总数几乎增长了150%。这些结果主要归因于更严格的汽车引擎和燃料标准。

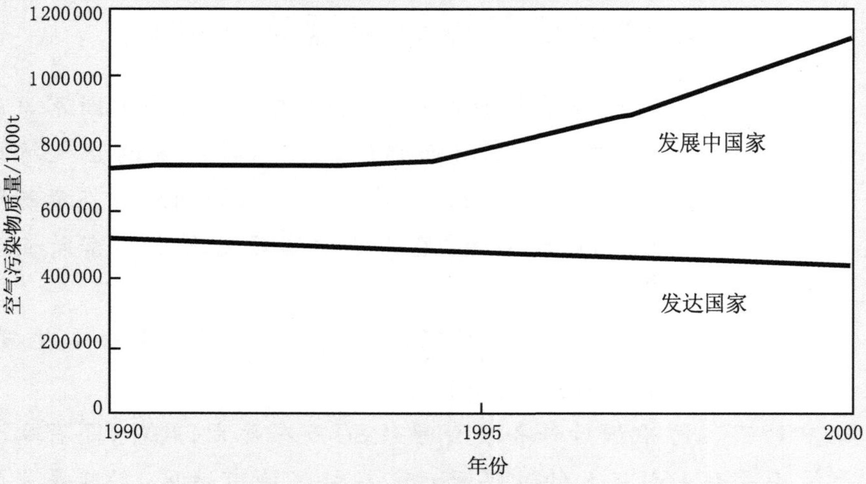

图　1990～2000年发达国家与发展中国家的空气污染情况

然而，在大多数发展中国家，日益增加的汽车、发电厂和工厂数量并没有带来更清洁的技术或者更严格的规定。1990～2000年，发展中国家的空气污染增加了50%。空气污染已经成为亚洲的一个突出问题，空气污染造成的死亡占所有与污染有关的死亡的65%。

空气污染的健康与环境影响

长期生活在空气污染的环境下对健康的不利影响已经得到很好证实。一项世界银行进行的研究发现，日常PM_{10}浓度每增加30μg/m³，上呼吸道疾病的征兆就会增加9%。在高暴露人群(那些在公路或者工厂附近生活或者工作的人群)以及生活在一个更好的受保护环境中的低暴露人群中都发现了这种趋势的增加。

即使PM_{10}只增加10μg/m³，也与心血管疾病死亡率增加1%～2%、呼吸疾病死亡率增加3%～6%有关。其他研究还将空气污染与新生儿的体重偏低相联系。

空气污染还会严重地破坏自然环境。二氧化硫可以引起酸雨，从而破坏湖泊、河流和森林。由氮氧化物排放量沉积的活性氮可以引起陆地生态系统营养过剩，由此产生的径流可以导致海岸带的富营养化。在20世纪七八十年代的美国东部，由于人们对空气污染与酸雨的日益关注，已经产生了严格的发电厂规定。

改进空气质量的措施

在美国，里程碑文件《1970年清洁空气法修正案》建立了《国家环境空气质量标准》。《国家环境空气质量标准》以主要空气污染物(二氧化硫、氮氧化物、PM_{10}和$PM_{2.5}$)以及铅、臭氧、一氧化碳对人类健康和福祉的影响为基础。美国许多地方经常达到或者超过这些污染物的标准。值得注意的例外就是臭氧浓度——平均而言，臭氧浓度缓慢减少，但是某些地方却有所增加。

表　空气污染物主要来源及其对健康与环境的影响

污染物	主要来源	健康影响	环境影响
二氧化硫	工业	呼吸疾病、心血管疾病	酸雨的前兆，可以破坏湖泊、河流和树木，破坏文物
氮氧化物	汽车、工业	呼吸疾病、心血管疾病	氮沉积导致营养过盛及富营养化
颗粒物	汽车、工业	颗粒物进入肺深部，并且可以进入血液	可见度

表(续)

污染物	主要来源	健康影响	环境影响
一氧化碳	汽车	头痛和疲劳,特别是那些心血管状况不是很好的人群	
铅	汽车(燃烧含铅汽油)	在血液里累积,损害神经系统	鱼/动物死亡
臭氧	由氮氧化物及挥发性有机物反应产生	呼吸疾病	减少粮食产量及森林生长,烟雾前兆
挥发性有机物	汽车、工业过程	眼睛与皮肤刺激、恶心、头痛、致癌	烟雾前兆

其他国家(如中国)仍然在努力实现其自身的通常不太严格的国家标准。一份2007年的政府报告的结论指出,48%的中国城市居民居住在没有达到国家空气质量标准的城市。预计仅煤炭的燃烧就造成5万人死亡和40万人患慢性支气管炎。世界银行预测,到2020年,中国将花费3900亿元(相当于预计GDP的13%)用于煤炭燃烧引起的疾病的医疗服务上。

尽管一些发展中国家的城市正在努力控制日益恶化的环境,有些城市可以控制(或者至少减轻)空气污染。例如,曼谷的污染物水平可以达到美国标准,并且接近欧洲标准,然而15年前曼谷却因严重的空气污染而声名狼藉。曼谷改进空气质量的成功部分是由于运气以及其特殊的地理特征和工业结构,不过大部分原因还是归功于创新的解决方法。

曼谷的方法,即联合明智的规定如排气管排放标准、单一的修复措施如街道清扫和大规模地扩大轨道交通,已经成为空气质量管理的模范。尽管不同城市的特定环境有所不同,但是曼谷治理空气污染取得的经验在任何地方都很适用。集成是关键,没有任何一种方法可以独自解决这一问题。城市空气污染是一个复杂的、多面性问题,对健康与环境、交通与工程、经济与政策都提出了挑战。

北京的污染问题阐明了集成解决空气污染问题的需要。即使中国政府做出最后一搏的努力(即实行单双号限行),也不能很有效地控制北京的空气污染。尽管汽车是当地空气污染的主要污染源,但是北京市以外的污染因素才是城市空气污染最重要的决定因素——邻近的河北省的小工厂排放的挥发性有机物,以及山西省大型煤矿和燃煤发电厂产生的颗粒物。

因此,北京污染问题的解决方法可能比简单限制汽车出行或者排气管排放量更复杂。这一问题的真正潜在驱动因素已经偏离了主题，并且将需要城市间、行业间以及省级政府与中央政府机构的通力合作。

一项实用的创新方法

不管是自愿的、强制性的或者基于激励机制的解决方法，都要求实用和创新。这些方法还需要调整，以符合它们发挥作用的城市与地区特殊的地理和经济环境。当这些措施被有知识的环境管理者监督时，他们同时也是致力于良好环境管理的执行者，这些措施可能还有很长的路要走，以减少空气污染对健康与环境的有害影响。

资料来源：曾静静. 2008.治理全球空气污染问题迫在眉睫.科学新闻，19: 26–27

三、生物多样性

预计到2030年，生物多样性将持续丧失，尤其是亚非地区。导致生物多样性丧失的主要原因包括土地利用的变化、自然资源的不可持续利用、外来物种入侵、全球气候变化和污染。在过去的几十年中，保护区的数量已显著增长，但是在所有保护区种类中，海洋保护区的代表性不足。在未来，由于农业和城市土地利用将加速扩张，因此，保护区将在生物多样性保护方面日益发挥出重要的作用。

四、淡水

预计到2030年，约有39亿多的人口（约占世界总人口的47%）将生活在严重缺水的地区，尤其是非OECD国家；将有超过50亿的人口（约占世界总人口的67%）缺乏公共排水设施，比现在多11亿人；沿海水体中将有近5500万t的氮来自于内陆，与2000年相比增长4%；具有较高侵蚀风险的土地面积将增加1/3以上，达到2700万km^2（约占世界土地总面积的21%）。有效的政策有助于解决主要的水资源挑战，因此，未来仍需要在以下几方面取得进展：将水资源管理融入部门（如农业）和土地利用的政策中；通过水价调控，确保污染者付费原则（PPP）和使用者付费原则（UPP）的稳定应用；减少补贴，以减少水问题。

五、废弃物和物流

非法装运和报废材料与产品的不正当管理对人类健康和环境构成了相当大的风险。在未来几十年,对快速增加的城市废弃物的管理将成为非OECD国家的一个巨大挑战。尽管发达国家的城市废弃物仍在增加,但增速减缓,而且基本已从经济增长中解耦。随着全球原料的需求量和废弃物的产生量与处理量的持续增长,废弃物传统的单一政策可能不足以提高原料的利用率并弥补原料生产和利用中产生的废弃物对环境造成的影响。而新的综合性方法可平衡原料的整个生命周期中废弃物对环境的影响。这种方法更加重视原料的利用率、产品的设计和再利用、对废弃物的预防、报废原料和产品的循环利用、对残留物质的无害环境管理。

六、环境与健康

如果没有更严格的政策来更好地解决环境污染问题,那么空气、水污染和食源污染物对人类健康造成的不良影响将持续增加。例如,预计2000～2030年,由地面臭氧和PM_{10}造成的过早死亡人数将增加。人类发明的成千上万种化学品也给生态健康带来巨大的威胁。化学品中的有毒污染物不仅具有毒性,同时有很多其他效应包括致癌、致畸、致突变性,而且还具有内分泌干扰效应,直接威胁野生动物甚至人类的生存和繁衍。未来几十年,有毒污染物的监测、评价和管理将是保障人体和生态环境健康的重要环节。

环境与健康研究主要涉及污染物的环境化学行为、污染暴露途径及其污染物的毒性效应。化学品毒性评价则是环境与健康研究的基础,是保障人体和生态环境健康的重要环节。例如,2006年12月18日欧盟议会和欧盟理事会正式通过的《关于化学品注册、评估、许可和限制制度》(REACH),旨在对新化学品和现有化学品存在的危险性建立一个统一的评价系统。REACH对数万种输入欧盟的化学品提出了毒性和生态安全性

方面的要求。面对REACH法案的挑战，中国有关化学品生态毒理评价的方法缺乏，有关标准几乎还是空白。为此中国急需开展有关化学品生态毒理评价方法的开发与标准化研究，以积极应对欧盟的REACH法案；同时，加强进口化学品对中国生物生态毒理影响的评价，保护中国的居民健康和生态安全。

《关于化学品注册、评估、许可和限制制度》

欧盟化学品主管部门为了解决化学品安全管理中存在的现实问题，克服现行管理模式的弊端，经过广泛调查研究和征求利益相关者意见之后，由欧盟委员会提出了《关于化学品注册、评估、许可和限制制度》(REACH)。欧盟期望通过新法案加强对人类健康和环境的保护，转变管理重点和方式，提高对影响健康和带来环境风险的化学品的监管力度。预计该法案实施后，将影响到欧盟所有涉及生产和(或)进口化学品。

REACH建立在以自我规管为原则的基础之上，认为只有在充分了解与其性质(物理、毒性、对环境的影响等)相关的信息之后，才能生产(使用)化学制品。

一是对新化学物质和现有化学物质统一实行相同的数据要求和申报登记程序，克服了现行立法注重新物质、忽视现有物质的管理弊端，逐步解决现有物质安全管理漏洞和填补缺少安全数据的空白。

二是主管当局的管理重点将转移到对健康和环境影响最大的三类化学品[CMR (carcinogenicity, mutagenicity, reproductive toxicity)物质、PBT (persistent, bio-accumulative and toxic)物质和vPvB (very persistent and very bio-accumulative)物质等]上。这些物质的生产、进口和使用必须经过欧盟委员会的授权批准。强化对这类物质的管理，可以最大限度地保护人类健康和环境。该措施将给作业场所的工人、公众健康和环境带来长期效益，可以大大减少未来疾病治疗和处理处置造成的成本费用。

三是法案明确了化学工业(公司)负责提供化学品安全数据和承担初步评价的责任。由企业承担鉴别化学品危险特性和对风险的初步评价的责任，或者为预防和控制化学品污染危害承担合理监测费用，减轻了主管当局风险排查和风险管理的费用负担。

四是法案将化学品安全责任扩大到供应链上的下游用户，改善了整个供应链上化学品安全信息的传播。

五是由于法案规定了实施化学品登记需要的化学品安全数据可以在同一产品的登记人之间共享和共同分担费用，将减少开展动物实验次数，还起到了保护动物的目的。

六是法案的实施限制了危险性最大的三类化学品的生产和使用，将促使和鼓励化工公司实施淘汰和开发替代产品、开展技术创新的积极性。

REACH法案体现了国际化学品安全管理的重点：REACH法案明确提出，以下三类引起高度关注的物质必须获得批准才能生产、上市销售和使用：符合第一类或第二类致癌物质、致突变物和生殖毒性分类基准的物质（CMR物质）；具有持久性、生物蓄积性和毒性的物质（PBT物质）及非常高持久性和非常高生物蓄积性的物质（vPvB物质）；对人类健康和环境具有相当严重和不可逆效应的物质。

REACH法案转变了化学品安全和环境管理的重点，将主管部门有限的资源投放在审查批准已经确认的CMR物质、BPT物质和vPvB等三类物质上，具有充分的科学性和合理性。

REACH法案体现了化学品管理基于风险管理的原则：法案中规定了上述三类物质的鉴别标准、审查程序，提出根据一种化学物质对健康和环境风险是否可以接受或控制，以及如果风险不能被适当控制，但只要注册申请人可以证明其使用带来的社会经济效益将远远超过其对人类健康和环境的风险性，而且目前没有适当的替代品或替代技术时，这种物质的登记也有可能获得批准的原则，充分体现了基于风险的社会可接受性和对社会的成本效益的原则，而不是仅根据对化学品的固有危险特性或危险性大小进行化学品安全管理，其管理思路是科学的，也符合近年来国际化学品安全管理的发展趋势。

资料来源：欧洲委员会企业和产业总局，环境总署. 2006. REACH概要

第五章

中国生态与环境特点及其演变趋势

中国作为快速发展中的国家，除了在社会经济发展上有自身的轨迹外，生态系统服务、环境质量也有自身特点，而且在生态与环境科技上与欧美等强国也有着较大的差距。因此，制定中国的生态与环境科技发展路线图一方面需要学习欧美发达国家的科技发展战略，另一方面要有大胆的前瞻性，避免无休止的跟踪。所以在制定中国生态环境科技路线图的时候，我们还要考虑科学技术的跨越式发展，争取在若干领域引领世界生态与环境科技的发展。

当然，最重要的是我们在制定生态与环境科技发展路线图的时候要十分注重针对中国生态与环境的特点，分析中国发展规划的远景，社会经济、技术进步和全球环境变化的趋势，预测未来50年中国的生态与环境演变趋势，从而提出具有战略性、方向性和一定可操作性的科技发展路线图。

一、生物多样性正在遭受破坏，野生动物和植物在减少

由于气候变化等自然原因和历史上滥伐森林、毁草开荒、滥捕滥猎等人为破坏所造成的影响，中国目前生物多样性丧失的趋势还没有得到有效的控制，许多生态系统功能在不断地退化，濒危物种的比例也在不断地增加，外来入侵物种的危害加剧，遗传资源丧失和流失问题日益严重。

中国目前正处于人口和经济快速发展时期，生物多样性在生态系统多样性、物种多样性及遗传多样性三个层次上都受到

严重的威胁。濒危动物的濒危等级标准即保护优先序。1994年11月，世界自然保护联盟(IUCN)第40次理事会会议正式通过了经过修订的Mace-Lande物种濒危等级标准，作为IUCN物种濒危等级标准。IUCN濒危物种红色名录虽然不是国际法和国家法律，但是对于政府间组织、非政府组织的保护决策以及各国的自然法律法规制定有着深远的影响，在保护生物学理论研究中也发挥着一定作用。我们在研究制定中国野生生物濒危等级标准时发现，如果直接应用IUCN物种濒危等级标准评定生物濒危等级将存在一些问题。如：①如何区别对待那些本来就数量稀少、分布区狭窄的物种和那些由于人类活动而种群数量与生境面积急剧下降的物种？②不同的动物类群能否应用同一濒危标准尺度？③如何区别对待物种边缘分布区和核心分布区的种群数量与密度的差异？④如何处理种群的局部灭绝、局部濒危？⑤一些濒危物种在野生环境中濒危，但是这些物种可以人工繁殖，如何处理可以人工繁殖的濒危物种？⑥如果没有种群与栖息地的精确历史资料和统计数据，怎样应用物种的濒危标准评估其濒危等级？本着简单实用，既与国际上现有标准接轨又能与国内现有野生动物保护级别接轨，能够利用国内外现有文献资料和数据进行评估定级，便于物种资源分类管理的原则，我们应当在IUCN红色名录标准的基础上，结合中国的国情，制定一套区分野生动物的生活史对策的野生动物物种濒危等级评估方法[11]。

2004年出版的《中国物种红色名录》采用2001年《IUCN物种红色名录濒危等级标准》，对中国范围内10211种动植物的灭绝危险程度进行了评估，中国的物种濒危情况远比过去评估的比例高，各类生物物种受威胁的比例普遍在20%～40%，特别是中国的高等植物中，濒危或者接近濒危的物种约占总数的15%～20%，高于世界平均水平。生物多样性锐减，受到严重威胁的高等植物约占1/5；在《国际濒危野生动植物物种贸易公约》列出的1121种世界性濒危物种中，中国有190种，外来物种入侵威胁生态安全，造成巨大的经济损失。

生物多样性

随着人口的迅速增长，人类经济活动的不断加剧，作为人类生存最重要的基础的生物多样性受到了严重的威胁。中国既是生物多样性特别丰富的国家之一，又是生物多样性受到严重威胁的国家之一。

生物多样性是多样化的生命实体群(entity group)的特征。每一级实体——基因、细胞、种群、物种、群落乃至生态系统都不止一类，亦即都存在着多样性。因此，多样性是所有生命系统(living system)的基本特征。生物多样性包括所有植物、动物、微生物物种以及所有的生态系统及其形成的生态过程。它是一个描述自然界多样性程度的内容广泛的概念，是时间和空间的函数。生物多样性表现在生命系统的各个组织水平，即从基因到生态系统。主要包括了物种多样性、基因多样性(或称遗传多样性)和生态系统多样性三个层次。

遗传多样性是指种内基因的变化，包括种内显著不同的种群间和同一种群内的遗传变异。种内的多样性是物种以上各水平的多样性的最重要的来源。遗传变异、生活史特点、种群动态及其遗传结构等决定或影响着一个物种与其他物种及其环境相互作用的方式。而且，种内的多样性是一个物种对人为干扰进行成功的反应的决定因素。种内的遗传变异程度也决定其进化的潜势。所有的遗传多样性都发生在分子水平，并且都与核酸的理化性质紧密相关。

物种多样性是指物种水平的生物多样性，是一个地区内物种的多样化，主要是从分类学、系统学和生物地理学角度对一定区域内物种的状况进行研究。物种多样性的现状(包括受威胁现状)、物种多样性的形成、演化及维持机制等是物种多样性的主要研究内容。

生态系统多样性是指生物圈内生境、生物群落和生态过程的多样化以及生态系统内生境差异、生态过程变化的惊人的多样性。生境的多样性是生物群落多样性甚至是整个生物多样性形成的基本条件。

生物多样性各个组织水平的多样性都是十分重要的。与不同水平的多样性相关的各个生物学分支都有其研究重点及独特的研究方法。物种多样性是生物多样性研究的基础，生态系统多样性是生物多样性研究的重点。

资料来源：马克平. 1993. 试论生物多样性的概念. 生物多样性, 1(1): 20–22

《中国物种红色名录》

《中国物种红色名录》(*China Species Red List*)一套共分6卷。第一卷为10000左右的动植物种的《红色名录》(*Red List*),包括中国濒危物种状况分析,《IUCN濒危物种红色名录濒危等级和标准》和《地区应用指南》的翻译稿,10000左右物种的名称(学名、中文名、英文名、中文俗名),中国分布占全球的比例、评估的濒危等级以及所依据的标准和理由,IUCN全球评估等级等。后5卷分别为脊椎动物卷、无脊椎动物卷和植物卷(三册),内容为在中国分布的6000种左右的受威胁物种的评估资料数据库(Species Databank for Conservation)。每个物种收集了迄今为止最新的信息,包括分类信息(物种学名、中文名、英文名、重要的同物异名和分类信息备注),现有濒危等级信息(IUCN红色名录、中国红皮书、CITES附录、国家重点保护级别),中国分布占全球的比例,本次评估的濒危等级和所依据的标准及理由,生境、分布(分布图)、种群状况、致危因素、保护措施、参考文献、评估人及年代等,具有重要的学术参考价值。

自20世纪80～90年代《中国植物红皮书》(1卷)和《中国濒危动物红皮书》(4卷)相继出版后,受到我国科研、管理、保护和执法界等人士的欢迎,社会反响强烈。

20世纪90年代后期,世界自然保护联盟(IUCN)发布了物种濒危等级的新标准,适用于所有高、低等动植物种,并推出了全球物种红色名录的光盘版。随后,各国纷纷依据这一新标准,对本国的物种状况进行评估。因为全球的红色名录往往与具体的国家或地区不能吻合,资料收集也不可能全面。

为此,中国环境与发展国际合作委员会生物多样性工作组于20世纪90年代后期开始,发起和组织了旨在评估物种保护现状的《中国物种红色名录》项目。专门组织了全国范围内从事不同门类的部分核心专家承担本项目的相关门类物种的评估。项目启动时,还特意邀请了IUCN的红色名录项目的主持人分别来华参与培训和研讨。项目历时3年,通过运用IUCN新标准对我国的动植物种的状况做了全面评估。初稿经分门别类举行多次研讨会,进行了严格认真的复核和补充,以保证其学术水平;同时,一些门类系统如鸟类和哺乳类,采用了国际最新分类系统,确保与国际接轨。

该书展示了我国物种的一次历史性的评估,反映了我国20世纪和21世纪交接的历史时期的物种生存现状,呈现了50多年来保护事业的成果和不足，指出了当前的需要优先保护的极危和濒危物种。全书主要内容以中英文双语出现，并采用国际通用的标记，便于国内外读者使用。

资料来源：汪松，解焱. 2004. 中国物种红色名录. 北京：高等教育出版社

二、土地荒漠化加速发展，生态危害较为严重，危及国家耕地安全

根据联合国环境规划署的估计，全球有1/4的土地受到荒漠化的威胁。超过2.5亿的世界人口遭受着荒漠化的直接影响；同时，由于耕地和牧场变得贫瘠，使得100多个国家的超过10亿的人口的生计问题处于危险境地。干旱可以触发荒漠化，但是人类自身的活动——诸如过度耕种、过度放牧、毁林、灌溉不力等——通常是主要的诱因。联合国拟定的《在发生严重干旱和/或荒漠化的国家特别是在非洲防治荒漠化的公约》（简称《公约》）旨在应对这一问题。这个由172个国家缔结的公约为防治荒漠化的一切活动提供了一个基本框架，《公约》注重土地生产力的提高、土地的改造，以及土地资源和水资源的养护、管理。《公约》强调民众参与，强调为当地人民创造一个"有利的环境"，使得他们有能力扭转土地退化的现状。

中国是世界上受荒漠化危害较为严重的国家之一，荒漠化土地面积大、分布广、危害严重。全国荒漠化面积262.2万km^2，占中国陆地总面积的27.3%，遍及13个省（自治区、直辖市）的598个县（旗），近4亿人口受到影响，每年造成直接经济损失达540多亿元。目前荒漠化发展速度还在进一步加快，致使扬尘天气迅速增加，造成了巨大的经济损失和严重的生态后果，治理速度赶不上破坏的速度。中国严重的水土流失几乎遍及所有大的江河流域，目前水土流失面积达367万km^2，占中国陆地总面积的38%，每年因水土流失损失的土壤50亿t；因水土流失而毁掉的耕地达270万km^2，年均损失约6万km^2；由于泥沙淤积，全国湖泊面积缩小了186万km^2，占现有湖泊面积的40%，江河引洪能

力降低，灾害频发。中国水土流失表现为流失面积大，波及范围广，发展速度快，侵蚀模数高，泥沙流失量大，生态危害较为严重。

荒 漠 化

“荒漠化”（desertification）一词，最早出现在 Lavauden 1927 年的一篇科学论文中，他使用“desertification”一词来描述Sahara地区荒漠化的景观，指出这一地区的荒漠化完全是人为因素造成的。1977 年联合国荒漠化大会（UN Conference on Desertification）上采用了“荒漠化”这一名词，并明确定义为：“土地滋生生物潜力的削弱和破坏，最后导致类似荒漠的情况，它是生态系统普遍恶化的一个方面，它削弱或破坏了生物的潜力。”荒漠化的实质是土地退化，是土地生物生产力下降，土地资源丧失和地表类似荒漠景观的出现。1992 年联合国环境与发展大会（UNCED）上将荒漠化定义简要归纳为：由于气候变异和人类活动在内的种种因素造成的干旱、半干旱和亚湿润干旱地区的土地退化。而这一概念也为荒漠化防治国际公约所采纳。

荒漠化是人为强烈活动与脆弱生态环境相互影响、相互作用的产物，是人地关系矛盾的结果。我国是受荒漠化严重危害的国家之一。根据《防治荒漠化公约》和我国的实际情况，荒漠化可划分为以下各主要类型，即水土流失（water erosion）、沙漠化（sandy desertification）和盐渍化（salinization），在过去50年里，它们的发展速度、分布范围和危害程度都在逐渐增大。我国北方的大部分地区荒漠化表现的主要形式是沙漠化。

资料来源：朱震达. 1998. 中国土地荒漠化的概念、成因与防治. 第四纪研究, 5(2): 145–155
王涛, 朱震达. 2003. 我国沙漠化研究的若干问题——沙漠化的概念及其内涵. 中国沙漠, 23(3): 209–214

三、水资源严重短缺，水环境严重恶化

地球表面上实际人类可利用的淡水只占全球水总量的 0.014%，且分布极不平衡。由于全球人口急剧增长，工业迅速发展造成人类对水资源需求的飞速增加，并且现代工业文明也带给水资源环境前所未有的挑战，大量水生态系统受到污染，物种减少，鱼类灭绝，水域周边生态系统严重退化。此外，退化了的

水资源环境进一步导致水分配失调，洪涝灾害严重，江河断流，水土流失加剧；污染蚕食大量可供消费的水资源。20世纪世界人口增加了2倍，而人类用水量却增加了5倍。根据联合国的统计数据，每天大约有11亿人口得不到干净的水；每天大约有6000名儿童死于不卫生的水和不合格的卫生条件所引起的疾病。随着水污染造成的危害加剧，“环境难民”不断增加，世界上许多国家正面临着水资源的危机。据估计到2025年世界上无法获得安全饮用水的人数将增加到23亿，生活在水源紧张和经常缺水国家的人数将在2025年达到30亿。同时，水资源危机带来的生态系统恶化和生物多样性破坏，也将严重威胁人类生存。

中国淡水资源仅占世界的8%，人均占有水资源量仅及世界人均水平的1/4，是世界公认的贫水国。中国的水资源具有以下四个特点：一是缺水严重，除城市、工业缺水严重外，全国农田每年因缺水造成的粮食减产为750亿～1000亿kg；有约8000万农村人口和4000多万头牲畜饮水困难。二是水利用效率低，水资源浪费严重，目前中国农业灌溉水的利用系数仅为0.3～0.4，水的农业生产效率为0.8kg/m^3，不及发达国家的一半。三是开采利用不合理，加上河流上下游用水缺乏科学规划和统筹调度，对地下水的掠夺性开采，引起了一系列的生态退化问题。四是水污染没有得到有效的控制，从城市、工矿、企业排出来未经处理的污水已使七大江河、五大湖泊20%～30%的水体遭受污染，仅黄河流域四级水污染河段12000 km，占干支流总长度的60%以上。

中国水资源状况的严峻形势

中国水利部部长汪恕诚2006年年初在接受采访时就明确指出，中国的水利发展任务相当繁重，面临的形势相当严峻，干旱缺水、洪涝灾害、水污染和水土流失四大水资源问题仍相当突出。我国人多水少，水资源时空分布不均，水土资源与经济社会发展布局不相匹配，是中国的基本水情。而长期粗放的经济增长方式则加剧了水资源问题的严重程度，我们面临着以下四个方面的严峻问题：

一是水资源短缺与经济社会发展对水资源需求不断增长的矛盾突出。我国人均水资源2200m^3，约为世界人均水平的1/4，正常年份全国缺水量近400亿m^3。部分流域和地区水资源开发利用程度已接近或超过水资源和水环境承载能力。随着经济社会发展和人民生活水平提高，对水资源的需求呈增长趋势，而水资源开发利用和江河治理的难度越来越大，水资源短缺问题将不断加剧。

二是江河综合防洪体系薄弱与保障人民生命财产安全的矛盾突出。多数大江大河重要支流和中小河流尚未得到有效治理，蓄滞洪区建设滞后，山洪、泥石流等灾害的监测与防御能力较低。洪涝灾害每年造成大量人员伤亡和财产损失，仍然是中华民族的心腹之患。

三是水污染严重、水土流失与可持续发展的矛盾突出。全国污水排放总量逐年上升，河湖污染有加重之势，水环境总体状况还没有根本好转。水土流失、生态恶化的趋势没有得到根本遏制，地下水严重超采，一些地区出现河道断流、湖泊干涸、湿地萎缩、绿洲消失，严重影响了经济社会的可持续发展。

四是农村水利发展滞后与推进社会主义新农村建设的矛盾突出。农村水利基础设施薄弱，全国灌溉面积中有1/3是中低产田，大型灌区的不少骨干建筑物损坏，大型排灌泵站老化损坏率较高。农业生产仍然没有摆脱“靠天收”的被动局面。农村的高氟水、高砷水、苦咸水等还严重威胁农民的健康。

中国总用水量达5500亿m^3以上，按目前的正常需要和不超采地下水，每年年缺水近400亿m^3，全国660座城市中有400多座缺水，110座城市严重缺水，数亿农民没有喝上干净的水，超过2300万人口、1300万头牲畜发生临时性饮水困难。

这就是中国水资源状况的严峻形势。

资料来源：http://www.ce.cn/cysc/cysczh/200602/191t20060219_6130805.shtmt

四、环境与资源约束瓶颈加大，环境污染呈加剧蔓延趋势

中国环境问题目前最突出的矛盾有以下几方面：一是在工业化过程中，造纸、酿造、建材、冶金等行业的发展使环境污染和生态破坏日益加剧；二是以煤为主的能源结构将长期存在，二氧化硫、烟尘、粉尘等的治理任务更加艰巨；三是城市化过程中基

础设施建设落后，垃圾、污水等问题得不到妥善处理；四是在农业和农村发展过程中，化肥和农药的使用、养殖业的无序发展等加剧了农村环境污染，既损害农民健康，又威胁农产品安全；五是在社会消费转型当中，电子废弃物、机动车尾气、有害建筑材料和室内装饰不当等各类新的污染呈迅速上升的趋势；六是转基因产品、新化学品等新技术和新产品将给环境和人民健康带来潜在的威胁。

据中国社会科学院有关研究成果显示，中国在20世纪90年代末，每年因各类环境污染所造成的经济损失高达1800多亿元，其中水污染损失为1440亿元。《中国绿色国民经济核算研究报告2004》研究成果表明，2004年因环境污染造成的经济损失为5118亿元，占当年GDP的3.05%。2008 年耶鲁大学环境法律与政策研究中心在达沃斯的世界经济论坛上公布了首份正式《环保表现指标》（*Environmental Performance Index,* EPI），对149个国家和地区的环保表现进行了排名，中国在环境表现指标中评价的总得分为65 分，排名第105位。

五、城市环境问题日益突出，呈现结构型、复合型和压缩型特点

未来30～50年将是中国高速城市化的重要时期。伴随快速的城市化进程和城市群发展，城市呈现出水资源短缺与过度开发、能源利用效率低下、空间发展与土地利用失控、交通拥挤、废弃物排放剧增等严峻态势，加上城市环境建设总体滞后，加剧了城市热岛效应、拥挤效应和环境污染，不仅导致城市居民生存与生活环境恶化，而且还给城市周边地区的生态系统与环境质量带来严重的影响，已成为中国城市化进程与经济社会可持续发展所面临的重大瓶颈问题和挑战。

伴随着工业化和农村剩余劳动力的转移，今后几十年中国的城市化水平将迅速提高，2020年将超过50%；同时，城镇污染物排放将大量增加，全国城市生活污水和垃圾产生量将比2000年分别增长约1.3倍和2倍。到2030年，中国工业用水的需求将

增至5倍以上。如果不采取有效的措施，大量城镇废水、电子垃圾、废弃的汽车、工业危险废物、新化学物质及其他有害废物大量进入环境，将给城市生态保护与环境污染控制增加难度，并派生出严重的二次环境污染。此外，大城市落后工业将向快速发展的中小城镇转移，进一步加重中小城镇的环境污染。随着汽车数量的迅速增加，如果不能及时提高机动车尾气排放标准和燃料品质，2010年，城市机动车污染物排放量将会比2000年上升一倍。

城市的高速集约化发展和农村城市化，还将增加对水环境和生态系统的压力，造成城区的自然水系、植被格局和物种组成发生明显变化，农田和保护地面积减少，区域生态系统的调节能力下降。农村环境和城市环境是不可分割的。城市排放的污染物，包括废水、废气和固体废弃物，都对农村产生了极大的影响；反之，农村和农业产生的各种污染物，也正在并将更为显著地影响城市环境。

根据世界银行的统计，世界20个污染最严重的城市中，中国有16个。当前城市环境问题呈现出结构型、复合型、压缩型的特点。发达国家上百年工业化过程中分阶段出现的环境问题在中国快速发展的30多年中集中出现，污染物的排放总量大，工业污染结构日趋复杂。近年来，城市环境污染突发事件引发的环境危机屡屡出现（如松花江和太湖水污染事件等），仅2006年1月至5月中旬，国家环境保护总局就接报各类突发环境事件49起，涉及22个省（自治区、直辖市）。这表明中国当前的城市环境问题已对社会经济发展产生了一系列触目惊心的惩罚性影响。可以说，与国外传统的环境污染问题相比，中国现代城市环境问题从成因、特征和危害程度方面都发生了显著变化，存在随时集中爆发的隐患，已成为中国社会经济可持续发展的巨大障碍。

六、新污染物质和持久性有机污染物的危害逐步显现，生态与环境风险加大

一些新型污染物质如抗生素、内分泌干扰物、藻类毒素、杀

虫剂氧化副产物等对生态系统、食品安全、人体健康等，存在着更大的风险和更久远、更难以预料的潜在影响，持久性有机污染物的危害加重。环境中有毒污染物不仅具有毒性，同时还有很多其他效应，包括致癌、致畸、致突变性，而且还具有内分泌干扰效应，直接威胁野生动物甚至人类的生存和繁衍。一些有毒污染物（如持久性有机污染物）在环境中难降解（滞留时间长）、高脂溶性（水溶性很低），可以在食物链中富集，能够通过蒸发–冷凝、大气和水的输送而影响到区域和全球环境。

目前针对有毒污染物危害，世界发达国家和组织启动了许多重大的工作计划，开展了对有毒污染物的监测、筛选和管理。如欧洲制定了《关于化学品注册、评估、许可和限制制度》，严格管理化学品进入环境，特别是对于有毒污染物的管理提出了毒性和生态管理方面的要求。

以往一直作为健康风险评价准则的“剂量–效应”关系无法解释持久性有毒化学污染物长周期、低剂量暴露的毒性效应。上述一些新观察和新发现表明，过去忽略低剂量暴露作用，忽略人类生活在成百上千种人工合成化学品包围下的低暴露水平的健康风险评价方法体系存在重大缺陷，必须重新审视和调整现有化学品安全评价体系。现有的有关化学污染物的环境化学与生态毒理学理论存在着很大的局限性，其理论体系正在酝酿着重大创新变革。

持久性有机污染物

持久性有机污染物（persistent organic pollutants, POPs）是指具有长期残留性、生物蓄积性、半挥发性和高毒性，能够在大气环境中长距离迁移并能沉积回地球，对人类健康和环境具有严重危害的天然或人工合成的有机污染物质。POPs具有4个显著特性：

（1）持久性/长期残留性。POPs对于自然条件下的生物代谢、光降解、化学分解等具有很强的抵抗能力。一旦排放到环境中，它们难于被分解，因此可以在水体、土壤和底泥等环境介质中存留数年甚至数十年或更长的时间。

(2)生物蓄积性。POPs分子结构中通常含有卤素原子，具有低水溶性、高脂溶性的特征，因而能够在脂肪组织中发生生物蓄积，从而导致POPs从周围媒介物质中富集到生物体内，并通过食物链的生物放大作用达到中毒浓度。

(3)半挥发性。POPs能够从水体或土壤中以蒸气形式进入大气环境或者吸附在大气颗粒物上，在大气环境中远距离迁移，同时这一适度的挥发性又使得它们不会永久停留在大气中，而能重新沉降到地球上，而且这种过程可以反复多次地发生。

(4)高毒性。POPs大多是对人类和动物有较高毒性的物质。今年以来的实验室研究和流行病学调查都表明，POPs能够导致生物体内分泌紊乱、生殖及免疫机能失调、神经行为和发育紊乱以及癌症等严重疾病。

POPs在水体中的半衰期大多在几十天至20年，个别长达100年；在土壤中半衰期大多在1～12年，个别长达600年；而它们的生物富集因子(BCF)高达4000～70000。以上性质决定了POPs对人体健康和生态环境具有极大的危害。

资料来源：余刚，黄俊，张彭义. 2001. 持久性有机污染物：备受关注的全球性环境问题. 环境保护，4:37–39

第六章

国际生态与环境科技发展的态势

一、减缓与适应全球气候变化已成为地球系统科学研究的焦点

地球系统是由一系列相互作用过程，包括地球系统各圈层之间的相互作用，物理、化学和生物三大基本过程的相互作用以及人与地球环境的相互作用联系起来的复杂的非线性多重耦合系统。这种地球系统的整体观、对三大基本过程相互作用的研究，以及对人类活动影响地球环境的特别关注，使得全球变化科学作为一门全新的集成科学出现在当代国际科学的前沿。

全球变化科学研究新框架重点研究地球系统的三个主要子系统——大气、海洋、陆地以及它们之间的界面。围绕全球可持续性问题，地球系统科学伙伴计划(ESSP)，即国际生物多样性计划(DIVERSITAS)、国际地圈生物圈计划(IGBP)、国际全球环境变化的人类因素计划(IHDP)和世界气候研究计划(WCRP)，共同提出了三个联合计划：全球碳循环、水资源以及全球环境变化与食物系统。如何更好地识别季风区气候变化对全球变化的响应及其联系，如何更好地预估未来气候变化，如何应对气候变化，减缓气候变化对中国经济和社会发展的不利影响，制定和实施应对气候变化的国家战略已经成为国际上地球系统科学研究的焦点。

进入21世纪以来，气候变化日趋加剧，人类活动的影响日益显著，全球变暖问题已经引起了国际社会的广泛关注。为了

科学评估气候变化领域研究进展，特别是气候变化的事实及其所造成的影响，世界气象组织和联合国环境规划署设立的IPCC于2007年推出了第四次评估报告，明确地指出人类活动已经对全球气候产生了显著影响，特别是近半个多世纪以来。此外，在1906～2005年全球地表气温上升0.74±0.18℃的基础上，该报告预估21世纪末全球气候将会继续偏暖1.1～6.4℃。为了应对已经发生和日趋加剧的全球变暖及其一系列影响，各国政府和国际组织相继发起了有关气候变化的大型科学集成研究计划或在科学规划中强调了气候变化研究的重要性，例如，在美国宇航局2005～2020年和美国大气科学研究中心2005～2015年的科学规划，国际科联、世界气象组织和国际海洋学委员会提出的2005～2015年地球系统观测与预测协调研究计划等计划中，均将全球气候变化放在了优先的位置。

二、生态系统与人类福利关系成为国际生态学研究的主要对象

联合国于2001年6月宣布启动的“千年生态系统评估”（Millennium Ecosystem Assessment, MA）是一项为期四年的国际合作项目，其目标是满足决策者对生态系统与人类福利之间相互联系方面科学信息的需求。《生态系统与人类福利：评估框架》是该项目的第一个成果。其主要的评估报告已于2005年出版。MA的工作主要侧重于以下几个方面：生态系统服务功能的变化是怎样影响人类福利的？在未来的几十年中，生态系统的变化可能给人类带来什么影响？人类在局部地区、国家和全球尺度上采取什么样的对策才能改善生态系统的管理状况，从而提高人类的福利和消除贫困？

生态系统评估可以在以下几个方面为所有国家提供帮助：深入了解生态系统和人类福利之间的关系；对生态系统在消除贫困和改善人类福利方面的潜力进行示范；评价由各级机构所建立的政策的兼容性；将经济、环境、社会和文化方面的目标进行综合；对自然科学和社会科学方面的信息进行整合；确定并

评价为保证生态系统服务功能的可持续性，以及保证其与人类的需求；协调所制定的政策和管理对策；促进对生态系统的综合管理。

面对日益退化的生态系统，人类对其服务功能的各种需求反而持续上升，这使得人类实现可持续发展的前景受到严重的影响。人类福利不仅受生态系统服务功能供需差距的影响，而且还受个体、社区，以及国家层次脆弱性上升的影响。高生产力的生态系统及其服务功能，可以为人类和社区提供应对自然灾难和社会剧变的重要资源和对策，进而成为人类安全的保障。管理水平高的生态系统能够降低风险与脆弱性，而管理欠佳的生态系统却往往可能增加洪涝、干旱、农作物歉收，以及疾病等灾难的发生，从而进一步加剧风险与脆弱性。

由于生态系统和人类系统所具有的惯性特征，当前生态系统的变化可能在今后的几十年里都察觉不到。因此，要想获得可持续的生态系统服务功能和人类福利，就必须在短期、中期和长期的时间尺度上，对人类活动与生态系统变化，及其与人类福利之间的关系进行全面的了解和合理的管理。当前对生态系统服务功能的过度利用必将危及其将来的前景。这种危机可以通过可持续的利用方式来加以避免。为了应对这一科技需求，生态学家日益关注如何通过生态系统管理，解决随着对生态系统产品和服务功能（如食物和洁净水）需求的日益增加，人类活动却导致许多生态系统提供以上产品和服务功能的能力持续降低的矛盾。

三、生态系统与人类活动、自然系统与经济系统的集成研究成为解决全球生态问题研究的主体思路

解决全球生态问题涉及全球的地理分布特征、自然系统的资源与环境、社会经济系统及其人类活动影响诸多方面，在单项机制的基础上如何综合集成将成为研究的关键。以往对单一资源、环境或灾害问题的单一机构、单一学科研究方式，被针对单一或综合资源、环境或灾害问题的联合了自然科学家、社会科学

家、经济学家、工程学家和政策制定者的跨学科、多部门研究方式所替代；并且无论在国际科学界还是在各国国家研究组织中，对重大资源、环境与灾害问题的基础研究往往是通过设立专门的研究计划来完成。

21世纪以后，国际四大全球变化研究计划DIVERSITAS、IGBP、IHDP和WCRP联合发起的ESSP，将整个地球系统作为研究对象。环境与发展、自然与人文、科技与政策等不同领域与学科的交叉集成研究愈来愈明显和深入，不但带动了传统学科的发展，还催生了许多新学科。

实践证明，研究复杂的地球过程及其重大的资源、环境、生态问题，并非单一学科和传统的概念与手段所能完成。在许多重要的交叉点上蕴含着更多的突破机会、新的生长点和解决途径，要求加强学科间的交叉、渗透和综合集成；同时，人与自然关系的协调更对自然科学与社会科学的交叉提出了日益强烈的需求。生态系统与人类活动、自然系统与经济系统的集成研究成为解决全球生态问题研究的主体思路。目前，解决全球生态问题已经跨越了生态学的范畴，已经不仅是生物学、地学、林学、农学、土壤学、气象学等学科的交叉，更强调与社会、人文学科的耦合。这是因为解决全球生态问题是全球性的，不只是自然的过程，还要有全社会的支持，包括政治、经济和人文的介入，它的有效实施依赖于政治上的支持，立法的和相关的机构的保证，强调科学工作者–政府–民众的充分合作，因此解决全球生态问题又需要生态学、经济学、社会学、法律学、政治学的集成。这些必然促进相邻学科之间的汇合、交叉和渗透。学科的汇合、理论和方法的移植，提高了生态学科的水平并不断开拓新的研究领域，形成新的边缘学科和交叉学科。

四、定量评估和科学预测生态与环境变化成为生态学研究追求的科技目标

21世纪全球变化科学和生态科学的核心问题是人类高强度活动和全球环境快速变化共同驱动的生态系统变化。针对这

一核心问题，科学家通过综合应用多学科方法，利用地面生态网络和卫星遥感多尺度联合观测，跨尺度机理分析和模拟预测，认识生态系统变化的环境和人文驱动机制；定量估计和预测人类活动干预和全球环境变化背景下的区域生态系统格局和关键过程变化，认识人类活动和环境变化对生态系统服务功能和可持续发展能力的影响。特别是对地观测系统、GPS和卫星网络通信系统的建立和应用，大大地提高了生态学研究的效率和质量。现在可以进行大区域的综合研究，分析生态系统的结构、功能和时空演化。随着经验的积累和方法的逐步完善，数量化方法将得到普遍的应用并逐步走向精密化。数学模式可表达经验概念和实验结果，也可揭示内在关系和规律。计算机和空间技术相结合，使地理信息系统成为现代生态学的强大技术手段。随着地理信息系统向具有统一标准、多层次分布式系统，同遥感技术紧密结合与直接接口，以及具有专家系统水平的智能分析、决策等方面的深入发展，生态系统综合研究必将有新的突破。

针对不同区域、主要生态系统类型和重大生态问题进行评估，包括恢复过去演化历史、评估目前状况、预测未来变化和提出生态系统优化管理对策四个相互关联的部分，是生态学为管理决策提供科学依据的重要途径。通过对区域自然环境和生态环境变化进行定量监测、模拟和评估分析，科学预测未来区域的不同发展格局可能产生的不同生态环境状态，为调整、优化区域整体和局部的生态系统管理提供依据。

五、生态系统联网观测、模拟实验和虚拟数值模拟成为研究综合生态问题的主要手段

全球环境问题研究和全球变化科学的发展，要求自然科学和社会科学界能够提供有关全球变化的更详细、更可靠的数据与信息，特别需要提供人为因素在其中的影响和作用的有效信息。作为研究全球变化与陆地生态系统相互关系的一种重要手段，陆地生态系统的联网观测和研究能够与卫星遥感、地理信息系统技术和数学模型相结合，在景观、区域和全球尺度上分析和模

拟生态系统格局与过程的变化。为此，国际上建立了许多全球或区域性的生态系统的观测和研究网络，分别围绕全球变化的气候过程、生物地球化学过程、社会经济过程等科学问题开展国际和跨区域合作的联合观测、联网实验与综合研究。

由于研究对象和任务的变化，生态学研究是在相对孤立的局部地区研究的基础上逐步向着区域化和全球化发展，并形成网络进行综合与对比研究。生态系统长期观测研究已经经历了由单站研究向网络研究和综合集成研究的发展历程，并成为全球变化研究的重要平台，其研究方向已经由关注经典的生态学问题向自然科学与人文科学相结合的方向发展，采用了以长期生态研究计划带动网络发展的推进模式。特别是在研究全球变化与陆地生态系统相互关系方面，基于样带的联网过程已经成为一个重要的研究平台和非常有效的途径。例如，MAB计划在世界范围内建立了由261个定位站组成的生物圈保护网，IGBP计划在全球建立了17条陆地样带，其中包括1993年和2000年在中国建立的中国东北样带（northeast China transect, NECT）和中国东部南北样带（north-south transect of eastern China, NSTEC），以及泛美全球变化研究所（IAI）、亚太全球变化研究网络（APN）和欧洲全球变化研究网络（EN-RICH）等。同时，一些国家已建立或正在建立自己的生态研究网络，例如中国生态系统研究网络（CERN）、美国的长期生态研究网络（LTER）、英国的环境变化研究监测网络（ECN）、加拿大的生态监测与分析网络（EMAN）等。这些研究网络的主要研究内容包括：代表区域或生态类型的生态系统调控技术、环境变迁对生态系统演替的影响等优化管理、人类生产活动对重要生态过程影响及其调控技术、环境变迁对生态系统演替的影响等。

基于生态环境问题的复杂性和长期性，建立生态系统观测网，覆盖不同区域和不同类型生态系统的长期观测与试验，并结合复杂体系中若干重大科学问题开展计算、模拟研究，开展科学与工程计算中的建模、数值方法、软件实现和基于数值模拟的基础研究，采用模拟试验、遥感、模型模拟等技术手段，以及多尺度观测、多方法印证、多过程融合、跨尺度认知和跨尺度模拟等技术途径，认识在全球变化和人类活动共同驱动下的生态系统结构与功能、过程与格局的变化规律，探讨对生态系统的结构、格局和过程的调控管理途径，成为解决食物生产、自然资源管理、生态环境保护以及应对全球变化等问题的主要手段。WCRP在常规气象观测的基础上，通过地面定点、流动观测以及卫星、遥感遥测等手段对大量的环境要素及本底值进行了不间断地观测与监测；IGBP实施了全球碳通量观测计划；DIVERSITAS依托全球生态实验站进行了定点观测和样带调查。

六、基于物质循环的环境技术/绿色技术成为解决环境污染问题的根本途径

进入21世纪，知识传播与更新速度进一步加快，材料、生命、信息等领域的技术突破在制造业领域的转化应用日益加快，高技术与制造业的深刻融合，促进了传统过程工业的高技术化。这都将促使过程工业生产技术和方式发生重大转变，工业生态化与资源循环利用已经成为发达国家过程工业提高资源利用效率的发展方向。从国内外技术发展来看，清洁生产与循环经济技术是通过绿色工艺与技术实现资源能源节约与源头减污，通过资源循环利用技术实现工业生态系统构建，其最终目标是实现生产过程、消费过程与自然生态系统的高度和谐共存。世界各国，特别是发达国家都注重发展清洁生产与循环经济，其实质是要在大幅度提高经济增长和社会发展的同时减少资源消耗和污染排放，使污染控制与经济发展脱钩。德国和日本在发展循环经济方面走在世界前列，但其循环经济发展定位于环境管理模式，侧重固体废弃物的再循环利用。在面向污染防治和环境管理方面，基于物质循环的环境技术/绿色技术成为今后的核心。这主要包括三个方面的内容：一是废物资源利用的环境污染评估、控制技术；二是资源的高效、清洁转化利用技术即清洁生产技术；三是企业共生网络和生态工业集成系统，要开发生态工

业、生态农业技术，探索生态市(县)建设模式。通过这些技术的研发，对人类生产和生活产生的污染物在整个物质循环体系中加以资源化和无害化，减少对环境的压力，这是解决环境污染问题的根本途径。

七、兼顾生态系统和人类自身健康成为环境健康研究的主旋律

近年来，生态学家开始用生态学观点探索人类健康问题。生态系统健康的观点拓展了我们对人类健康以及人类疾病特征和来源的理解。许多全球性的流行性疾病(特别是那些通过昆虫传播的疾病)对气候和天气是非常敏感的，但人们对环境因子与流行性疾病活动的因果关系却知之甚少。近几十年来，新型疾病以前所未有的速度增加，并且往往跨越国境向世界范围传播；同时，大流感、疟疾和结核病等传统疾病不断产生变种、增加抗药性。这些不仅与人体自身的免疫状态和人类卫生保健制度有关，而且与生态系统的健康状况息息相关。近年来，世界卫生组织、联合国环境规划署及其合作伙伴与成员国密切合作，努力推进环境与健康战略和政策的制定，提出了加强环境与健康工作的一系列建议，强调建立环境与健康部门间制度性长效合作机制，制定国家环境与健康行动计划，促进环境与健康工作积极发展。

人类活动会胁迫生态系统健康，导致生态系统结构发生变化，进而影响到生态系统的服务功能，对人类健康产生影响，人类不得已又会关注生态系统健康。当前人群健康的研究已经由传统的疾病控制转变为对福利、生活质量、人体体能状态、心理状态与生态系统健康关系的全面探讨。从研究手段上来说，传统的流行病学调查方法、医学地理的研究方法、地理信息系统及空间分析方法、环境毒理学的研究方法、生态环境规划与管理学等方法的整合和综合应用将有助于问题的解决。环境健康研究将兼顾生态系统和人类自身健康，探讨一种综合的途径来改善人类的健康。

八、多尺度环境生物地球化学过程、机制及其耦合特征与建模是研究区域环境问题的重要途径

人类系统的生物地球化学过程被认为是导致全球环境变化的五种主要驱动因素之一。高强度的人类活动所产生的各种废弃物，通过自身或携带物的迁移进入大气、水体和土壤，从而影响从城市到全球尺度上的生物地球化学循环过程。生物地球化学循环过程可以发生在从分子水平到全球的空间尺度上。从系统生态学的观点来看，小尺度上的过程对宏观过程的波动具有显著影响，而大尺度可以为研究结果提供较高的稳定性，通过尺度推绎可以弥补单用小尺度或大尺度进行研究所观察不到的格局和过程。在美国国家自然基金会的支持下，美国的生态学家们正筹备建立NEON。NEON将通过提供数据和其他设备来支持大陆尺度的生态预测，以解决上述问题。所需的数据空间范围从基因组到大陆尺度，且时间范围由秒到几十年。无数个有机体的综合行为会控制着大气的传输和化学特征，调节着地球表面的物质，影响着水的供应和质量。有机体尺度与其对全球环境作用的尺度不同引发了大尺度生态学研究的重大问题。自然环境中的生命是最长的时间和最大的空间尺度的结果，必须通过有机物、生态群落、生物数量以及其他小尺度现象的记录，了解生物圈的过程。

土壤系统、流域与近海在人类活动强烈影响下空间异质性增加，自然与人文的物质循环过程相互交织，导致不同尺度下生物地球化学过程更加复杂。当前全球区域环境污染呈现高度的复杂性特征：①空间表征属性复杂，从陆地、流域到近海，涵盖多种生态系统类型；②介质属性复杂，从地表到地下，水–土–气多相污染过程叠加；③形成压力属性复杂，流域社会经济类型和发展阶段交互并存；④污染源属性复杂，工业农业生产和人居生活污染源繁杂，污染物种类多；⑤污染过程属性复杂，化学污染、富营养化、微生物污染、有毒有机物污染复合，过程多样；⑥污染效应属性表征复杂，不同流域生态完整性受损特点各异，对人类与

生态系统健康影响的风险机理差异显著。

多尺度环境生物地球化学过程、机制及其耦合特征与建模是识别系统动态演变的关键所在。在全球环境变化的背景下，探明多尺度环境生物地球化学过程、机制及其耦合特征与建模是研究区域环境问题的重要途径。

第七章

生态与环境科技重点研究领域

2006年公布的《国家中长期科学和技术发展规划纲要(2006–2020年)》中，将环境列为11个重点领域的第3个，体现出国家对生态保护与环境建设的重视。环境领域有4个优先主题，具体包括：

1）综合治污与废弃物循环利用。重点开发区域环境质量监测预警技术，突破城市群大气污染控制等关键技术，开发非常规污染物控制技术、废弃物等资源化利用技术、重污染行业清洁生产集成技术，建立发展循环经济的技术示范模式。

2）生态脆弱区域生态系统功能的恢复重建。重点开发岩溶地区、青藏高原、长江黄河中上游、黄土高原、荒漠及荒漠化地区、农牧交错带和矿产开采区等典型生态脆弱区生态系统的动态监测技术，草原退化与鼠害防治技术，退化生态系统恢复与重建技术，三峡工程、青藏铁路等重大工程沿线和复杂矿区生态保护及恢复技术，建立不同类型生态系统功能恢复和持续改善的技术支持模式，构建生态系统功能综合评估及技术评价体系。

3）海洋生态与环境保护。重点开发海洋生态与环境监测技术和设备，加强海洋生态与环境保护技术研究，发展近海海域生态与环境保护、修复及海上突发事件应急处理技术，开发高精度海洋动态环境数值预报技术。

4）全球环境变化监测与对策。重点研究开发大尺度环境变化准确监测技术，主要行业二氧化碳、甲烷等温室气体的排放控制与处置利用技术，生物固碳技术及固碳工程技术，以及开展气候变化、生物多样性保护、臭氧层保护、持久性有机污染物控制等对策研究。

1999年国家公布了《全国生态建设规划》，计划到2050年前，中国生态环境建设分近期、中期和远期三个阶段进行规划实施，并提出中国生态环境建设的总体目标：用大约50年的时间，动员和组织全国人民，依靠科学技术，加强对现有天然林及野生动植物资源的保护，大力开展植树种草，治理水土流失，防治荒漠化，建设生态农业，改善生产和生活条件，加强综合治理力度，完成一批对改善全国生态环境有重要影响的工程，扭转生态环境恶化的势头。力争到21世纪中叶，使全国适宜治理的水土流失地区基本得到整治，适宜绿化的土地植树种草，“三化”草地基本得到恢复，建立起比较完善的生态环境预防监测和保护体系，大部分地区生态环境明显改善，基本实现中华大地山川秀美。

结合国家已有的科技发展规划，依据上述对中国至2050年经济社会发展和科技发展驱动的科技需求，以及国际生态与环境科技发展的前沿，我们提出以下八大生态与环境科技重点研究领域。

一、全球气候变化及其生态学过程

IPCC第四次评估报告表明，如果排除大气气溶胶和其他气候强迫因子的影响，只考虑大气温室气体浓度变化，在过去半个多世纪全球变暖会更强烈；过去50年的全球变暖很可能(＞90%)大部分归因于温室气体强迫；有证据显示，人类活动也影响到了气候系统的多个组成部分，例如全球冰雪缩减、水循环加快、海平面上升、植被变化。总之，人类活动所引发的气候变暖广泛存在，并且已经在地球表面、对流层、海洋中检测到相关信号。全球气候变化及其生态学过程领域的研究目标是：揭示中国气候在不同时间尺度上的变化事实及其内在动力学机理；科学评价人类活动在近代中国气候变化中的作用；建立中国自己的地球系统模式；建立各种时间尺度上中国气候变化的短期预测和长期预估

系统；揭示全球气候变化、强烈的人类活动与生态系统过程的相互作用关系；建立中国不同领域适应气候变化的总体对策和措施；制定中国气候变化国际合作和外交谈判的科学战略。该领域的重点科技问题如下：

气候模式

估计大气温室气体(例如CO_2、CH_4、N_2O)含量增加所引起的气候变化的主要方法是物理方法。所谓的物理方法就是根据基本的物理定律来确定气候系统的各种成分的性状，这些物理定律通常用数学方程式表达，由此构成了气候的数学模式，也就是气候模式。气候模式不仅可用于模拟当代气候，而且可用于模拟某些外部条件的改变所引起的气候变化。因此，如果说人类能够用实验方法来研究气候及其变化的话，那么最重要的实验设备就是气候模式。当然，任何模式都只是实际气候系统的某种近似，在利用它们模拟气候的同时，还必须不断地检验他们本身的可靠程度并改进他们。

资料来源：曾庆存，张学洪，袁重光. 1989. 气候模式的概念、方法和现状. 地球科学进展，(3): 1–26

气候系统

气候系统的提出是气候学研究进入一个新阶段的重要标志之一。在这个意义上，人们不仅要研究大气内部过程对气候变化的影响，还要考虑海洋、冰雪、地表以及生物状况对气候变化的作用。即把气候变化视为包括大气、海洋、冰雪圈、陆地表面和生物圈组成的气候系统的总体行为。上述各子系统之间的各种物理、化学以及生物过程的相互作用，就决定了气候的长期平均状态以及各种时间尺度的变化。

资料来源：李崇银. 1995. 气候动力学引论. 北京：气象出版社

（一）中国过去气候的变化事实及其机理研究

在自然条件下，过去气候曾经发生过很大的变化，就其变化事实及其成因的研究对于认识气候变化的内在机理、理解当代气候的运行状况、预估全球变暖背景下气候的变化趋势具有重要意义。为此，一方面，我们需要使用多种代用资料，进一步恢复与重建在地球轨道尺度至构造尺度上过去典型温暖时期和寒冷时期中国气候的变化状况；另一方面，需要加强古气候数值模拟研究工作，以期全面评估中国气候模式对于过去气候的模拟能力，促进气候模式的系统研发，并将模拟结果与重建记录作对比分析，帮助分析和解释古气候资料，最终从气候动力学的角度研究并揭示中国气候在较长时间尺度上自然变化的内在机制。

过去几千年是衔接地质记录与器测资料的重要时期，期间，人类活动对地球环境施加的影响逐渐加剧，与气候自然变化相互叠加，因此，理解这一段时期全球气候变化对于认识人类活动和自然变率在近代气候变化中的作用关系重大。在利用代用资料重建中国历史时期气候变化的过程中，同时需要强调使用气候模式和简化地球系统模式来进行典型时段的连续和瞬时气候模拟研究，并通过与重建记录的综合对比分析，重点检测中国历史时期气候变化的成因，评估有效太阳辐射变化、火山活动、大气温室气体和气溶胶浓度等因子变化的单独及其联合作用，特别是科学评价人类活动对于中国历史时期气候的综合影响究竟如何，这对于理解全球变暖背景下中国气候的未来变化趋势问题很关键。

工业化革命以来，特别是近百年来人类活动排放的温室气体和气溶胶、以及土地利用等变化对于全球气候系统的影响日益加剧。从代用资料、器测资料、数值模拟三个方面分别及综合分析研究近百年来中国气候整体及不同区域在年代际时间尺度上的空间分布特征，区分自然因素和人类活动因素对于近百年来我国气候变化的影响，对于理解中国当代气候所处的气候背景和人类活动在中国当代气候形成过程中的作用尤为关键。科学地评价过去近百年来中国气候年代际变化的内在机理，对于预估中国气候整体及不同区域在未来一段时间内的变化趋势也很重要。

中国的气象灾害较为严重，其中的大部分可以归因于天气和气候变异及其极端事件。因此，全球变暖背景下中国天气、气候及其极端事件的变化问题急需开展综合研究。在继续利用各种器测记录和再分析资料分析过去几十年来中国天气、气候及其极端事件时空变化特征的同时，我们也需要加强从天气和气候模式的角度来评估并检测近几十年来中国天气、气候及其极端事件变化的可能内在机制。与此同时，也需要从统计学和数值模拟两个角度来显著加强中国季节至年际时间尺度短期气候预测的水平，这对于气象类灾害及其次生灾害的提前预防至关重要。

（二）地球系统模式研发及中国区域气候变化和影响的评估

地球系统科学的一个独特点在于我们无法像化学、物理、生物等学科那样就整个地球系统的运行状况进行真实实验，为此，科研人员从20世纪70年代中期开始逐步利用相关自然科学学科所得出的基本定律，在计算机上逐步实现了气候系统及其各子系统主要运行规律的程序化模块，进而发展成为通过数值模拟方法来研究气候系统、气候系统各子系统及其之间相互作用的有效工具。当前，地球系统模式或称之为地球模拟器已经成为全球变化领域的最主要研究工具。由于起步相对较晚，加之地球系统模式研发依赖于多学科之间的联合交叉合作，尽管中国在地球系统模式领域已经取得了一些成果，但与主要发达国家的研发水平相比还存在着很大的差距。

目前，评估中国区域气候变化及其影响、研究中国及周边区域气候的时空变化规律与机制、预估气候未来变化趋势是政府科学决策所需的基础信息数据，迫切需要高精度、高时空分辨率的气候系统模式作为研究工具。鉴于气候系统行为的复杂性，气候系统模式的建立必须同时考虑陆地与大气、陆地与海洋、海洋与大气的生物地球化学过程，及其与人类活动之间的相互作用等多种过程，其涵盖内容的精细化、集成化和快速化发展决定了不同学科之间进行联合的必要性。在以中国相关科研机构为单元继续针对不同的气候子系统进行深入研究的同时，现阶段有必要借鉴国际上已有先进地球系统模式的发展经验，着眼于不同领域背景科研人员的交叉联合，通过有效协作来共同建立并发展我国自己的地球系统模式。在此过程中，还需要特别强调地球系统模式的实际应用问题，要部署跨学科的大科学科研团队，针对过去、现在和未来全球气候，特别是中国气候开展不同领域及多学科交叉的大规模数值模拟工作，从气候动力学角度着手，揭示在各种时间尺度上中国气候变化的内在运行机理，切实推动我国地球科学领域的整体发展。

（三）短期气候预测、十年至百年尺度气候预估

随着人类活动所引起的大气温室气体浓度的增加，全球气候正在变暖并将在今后一段时间内持续变暖的定性结论已经得到了广泛认可。在全球气候变化背景下，短期气候预测和长期气候变化预估工作对于中国科学防灾和减灾、国家宏观经济建设和社会可持续和谐发展意义重大。为此，我们需要从数理统计和动力数值模式的角度开展大规模的基础性科研工作，查找出在各种时间尺度上影响中国气候变化的关键气候因子，从而提高中国季节至年际尺度短期气候的实时预测水平，为社会各相关领域提供更加可靠的气候预测信息。

与建立和发展地球系统模式同步，我们需要在多种温室气体和气溶胶排放情景下针对全球气候，特别是中国气候进行大规模数值模拟试验，在积极参与国际范围内气候变化预估工作的同时，重点研究未来十年至百年东亚季风区气候的可能变化，并通过统计降尺度和动力降尺度等方法就中国不同区域天气和气候极端事件的变化趋势进行多情景综合预估，从而为国家针对气候与环境未来变化的科学评估提供依据。期间，我们也需要借鉴国际上先进气候系统模式的预估结果，通过多模式超级

集合预估来加深理解中国气候的未来变化问题。

全球变暖及与其相伴的水圈循环加快将会在很大程度上影响到全球陆地冰川和水资源状况。中国人口多，中西部地区生态环境相对恶劣，自然资源总体短缺，社会可持续发展压力很大。随着气候变化加剧和经济发展，水资源匮乏的压力将会愈发显著。为此，十分有必要深入研究近一段时间以来中国冰川和水资源的时空变化特征，综合分析其成因。与此同时，使用气候系统模式，从动力学的角度检测不同时间尺度上中国冰川和水资源变化的驱动因子，并在多种排放情景下预估其未来变化趋势，相关工作成果可直接服务于国家宏观经济发展战略制定等社会发展中的重大问题。

作为一个仍以农业为主要产业之一的发展中国家，随着工业化和城市化进程的持续发展及有效耕地面积减少，中国的粮食安全问题将会日益突出；与此同时，经济高速发展所带来的生态与环境系统压力也会越来越大。在全球变暖持续加剧的背景下，气候变化对于中国农业和生态系统的影响将会逐渐加大，并将最终影响到国民经济的可持续性健康发展。目前，部分西方发达国家已经通过综合分析气候变化、农产品产量、不同生态系统指标等相关领域资料，建立了依托于气候系统模式的农业、生态和经济影响评价模式，进而评价气候变化对于上述各领域的潜在影响。依托于跨学科交叉合作，中国迫切地需要就上述问题部署相关工作。

（四）温室气体减排的产业和能源消耗结构调整与关键技术

该方面需要重点研究：产业和能源消耗结构的调整、发展以温室气体减排为目标的资源节约型经济发展模式；耗能企业的温室气体排放技术标准和税收政策问题；服务国家温室气体管理、碳汇清查的基础数据积累和陆地碳汇的综合管理；农田氧化亚氮和稻田甲烷排放研究，农田土壤对大气二氧化碳的固定技术体系，少免耕、平衡施肥、节水灌溉、土壤有机肥管理等生物增汇技术的集成性应用。

（五）社会经济和生态系统对气候变化的适应性及其管理

人类活动是导致气候变化的主要因素，也是长期对气候变化适应的结果。近百年来的气候变化对地球生态系统和全球社会经济系统产生了一定程度的影响，未来的百年尺度可能会产生更大的影响。因此，我们需要研究和评估气候变化对中国及周边地区的生态系统、淡水资源、农林业生产力、粮食安全以及可能的影响；气候变化对陆地生态系统的格局、过程和服务功能的影响，城市化布局及其城市生态系统结构和功能设计的影响；气候变化对疾病传播、人口健康的影响；气候变化对社会经济系统的脆弱性、适应能力和管理风险的影响等重大问题。

适应气候变化是人类的必然选择，人们期望通过对规范和调整自己的行为、生活和生产方式、经济增长模式来减缓气候变化进程、适应气化变化的结果，降低人类发展的社会、经济和生态风险。所以，需要研究中国的能源生产与消费、工业生产过程、农业和林业生产的温室气体减排潜力、途径和技术；研究中国应对气候变化的农业基础设施建设、粮食基地的科学规划，强化优势农产品生产的规模和区域作物布局；研究中国应对气候变化的水利基础设施、防潮设施的设计标准；研究适应气候变化的植树造林技术、生态系统、林业和草地管理，生物能源开发的潜力、途径、方法及安全性评价体系；研究社会经济和生态系统对气候变化的适应性及其风险管理技术体系。

（六）中国典型或关键区域的气候变化及其生态系统的响应

中国幅员辽阔，一些特殊的地理单元构成了影响气候变化的关键，也是对气候变化敏感的区域。研究这些区域对气候变化的影响及其生态系统对气候变化的响应，不仅具有全球的科学意义，也是中国应对气候变化和生态建设的科技需求。需要重点研究青藏高原的气候变化特征、对全球气候变化的影响及其区域响应的敏感性；气候系统与中国冰冻圈的相互作用关系，中国和毗邻地区冰冻圈生态系统对气候变化的响应和潜在社会经济影响；中国东部季风区气候时空变化过程及其影响；气候变化对东北地区森林生态系统结构、生物多样性和生态功能的影响；华北气候干暖化的过程机制、发展趋势及其对水资源、农业生产和社会经济发展的影响；人类活动与气候变化对荒漠化过程的驱动机制；沙尘暴发生发展和区域传输的气候学原理；气候变化对流域尺度山地–绿洲–荒漠复合生态系统能量交换、水分和养分循环的影响及其响应机制；气候变化及海平面上升对沿海城市规划、基础设施和社会经济发展的影响与适应对策。

（七）生态系统对全球气候变化响应与适应的环境和生物控制机制

生态系统对全球气候变化响应与适应的环境和生物控制机制是认识及预测气候变化对生态系统影响的理论基础，也是制定生态系统适应性管理的科学依据。因此需要在生态系统（站点）、样带和区域等不同尺度，组织生态系统对全球气候变化的响应和适应性的联网试验研究，揭示生态系统对气候变化适应机制及其对全球气候变化的反馈作用机制。研究重点包括：①以中国典型森林、草地和农田生态系统为主要对象，开展模拟氮沉降试验、开顶箱增温试验、自由大气二氧化碳富集试验、人工降水试验等环境要素控制试验，分析与气候变化有关的关键要素（如温度升高、降水格局变化、大气二氧化碳与臭氧浓度变化及氮沉降等）对生态系统结构与功能的影响，阐明生态系统碳、氮、水循环过程，特别是土壤过程以及地上与地下循环的耦合关系对全球变化的响应与适应机理；②以中国北方农牧交错带、东北地区森林草原过渡带、青藏高原等区域为主要研究对象，开展气候变化与人类活动双重作用下生态系统结构、功能和过程的变化及其响应与适应机理；③通过立地调查、通量观测、野外生理生态试验、遥感监测和模型模拟等方法，研究与评价极端天气事件和自然灾害对陆地生态系统生物地球化学循环过程的影响以及生态系统的响应与适应规律，探索生态系统适应性管理理论。

（八）陆地生态系统的碳、氮循环及其温室气体管理的科学原理

陆地生态系统的碳、氮和水循环是相互耦合的，这三大生态过程同与气候变化密切相关。开展陆地生态系统碳、氮、水通量及其循环过程的联网观测，组织碳、氮循环关键过程对气候变化的相应和适应性野外控制试验，一直是生态系统与气候变化研究的核心科学领域。中国的研究重点应包括：①在中国陆地生态系统二氧化碳、氧化亚氮、甲烷、水汽和能量通量观测研究网络和陆地样带的基础上，构建能覆盖全国主要生态功能区各种类型陆地生态系统（森林、草地、农田、湿地和城市）碳、氮、水通量及其耦合循环过程的综合观测体系，通过温室气体通量的观测与生态过程的野外实验，结合稳定性同位素，数值模拟与遥感等技术与方法，揭示生态系统碳、氮、水循环及其耦合关系的区域特征及生物与环境控制机制，阐明生态系统主要生命元素（碳、氮、钾、磷等）的代谢特征、利用效率及生理生态平衡（包括分配、转化与转移）规律；②研发多尺度的观测数据–模型融合系统和机理模型，建立国家层次陆地生态系统温室气体管理的计量体系和决策支持系统，为国家履行《联合国气候变化框架公约》与温室气体和水资源管理提供科技支持；③利用气候、植被、土壤、碳通量等地面和遥感观测数据，以及生态系统过程、机理模型和遥感模型，定量分析典型区域或主要陆地生态系统的碳源、碳汇动态，评价中国陆地生态系统对东亚和全球碳收支的贡献；④研究中国的重大生态建设工程（退耕还林、退牧还草、天然林保护、防护林建设）的生态效益和碳汇功能；⑤研究生态系统的温室气体吸收和排放、捕获和地下埋存，农牧业生产的温室气体减排，生物质资源和能源利用等陆地增汇的技术原理。

（九）气候变化国际合作和外交谈判战略与策略

作为一个发展中大国，中国改革开放以来的经济发展模式和成就受到了世界各界的广泛关注。与此同时，随着近年来全球气候变化成为国际社会的一个核心议题，针对中国二十多年

来经济高速发展所带来的环境问题的国际社会压力也越来越大。至今，中国已经相继签署了《联合国气候变化框架公约》、《联合国防治荒漠化公约》、《湿地公约》、《生物多样性公约》、《关于持久性有机污染物的斯德哥尔摩公约》等一系列针对全球气候变化的国际公约，减排责任和经济发展布局调整方面的压力日益增大，加之气候变化背景下国际社会新问题的不断涌现，中国的环境外交问题将会日益突出，作为一个负责任的发展中大国，中国现阶段亟待组建跨学科的国家级研究团队，通过合作研究来准确地掌握我国和其他国家经济、生态与环境的历史、现状与发展态势，特别是就中国区域气候变化相关问题拥有科学意义上的话语权，进而就气候变化国际合作和外交谈判策略问题制定出可行的措施，在承担责任和最大限度地保护国家利益之间尽早地制定科学的国际合作与外交谈判战略。

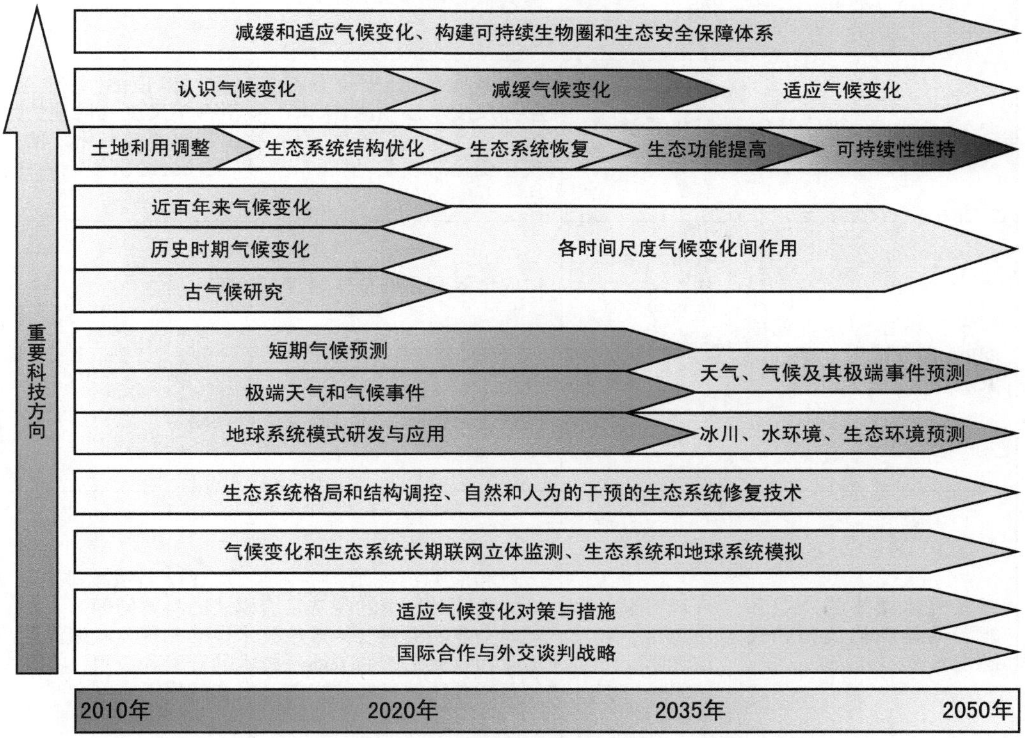

图7-1　全球气候变化及其生态学过程领域科技发展路线图

该领域的科技发展路线图、主要科学问题和关键技术如图7-1和表7-1所示。

表7-1 全球气候变化及其生态学过程领域的主要科学问题和关键技术

主要目标	科技领域	主要科学问题和关键技术
揭示全球变暖背景下我国气候变化事实及其成因、发展我国的地球系统模式，提高天气和气候及其极端事件的预测与预估水平，服务于国家需求	环境科学、气候学	古气候研究：古气候恢复与重建，典型时期和时段古气候模拟
	环境科学、气候学	历史时期气候变化：我国历史时期气候重建，过去千年气候模拟，我国历史时期气候成因
	环境科学、气候学	近百年来我国气候变化事实及成因：年代际气候变化，季节至年代际尺度气候变化之间的相互联系，极端天气和气候事件研究
	环境科学、气候学	地球系统模式研发与应用：跨学科团队联合研发我国的地球系统模式，强化其应用，从动力学机理入手来研究地球气候系统变化
	环境科学、气候学	短期气候预测、十年至百年尺度气候预估：季节至年际尺度气候预测，未来十年至百年尺度气候预估，极端天气和气候事件预估，冰川和水资源变化评估，气候变化对农业、生态系统，以及社会经济影响的评估
在承担减排国际责任的同时，最大限度地保护国家利益	环境科学、生态学、地理学	适应气候变化的总体对策与措施
	环境科学、生态学、地理学	气候变化国际合作和外交谈判战略
温室气体减排的产业和能源消耗结构调整和关键技术	环境科学、生态学、地理学	产业和能源消耗结构的调整、发展以温室减排为目标的资源节约型的经济发展模式的科技问题 耗能企业的温室气体排放技术标准和税收政策问题 工业和农业生产的节能新技术的开发和应用 化石能源的替代新技术的开发和应用

表7-1（续）

主要目标	科技领域	主要科学问题和关键技术
社会经济和生态系统对气候变化的适应性及其管理	环境科学、生态学、地理学	气候变化对我国及周边区域的淡水资源，农、牧、林业生产力，粮食安全性，疾病防治的影响 气候变化对生态系统格局和服务功能的影响及驱动机制，气候变化对城市生态系统的影响及适应对策，气候变化对中国人口健康影响的证据、风险和适应对策，社会经济系统对气候变化影响的脆弱性与适应能力 应对气候变化的农业基础设施建设，粮食基地的科学规划，强化优势农产品的规模化种植和区域作物布局 应对气候变化的水利基础设施、防潮设施的设计标准 我国的能源生产与消费、工业过程、农业和林业生产的温室气体减排潜力、途径、方法及减排评价体系 提高生态系统和林业生产对气候变化的适应能力的植树造林技术、林业和草地管理，生物能源开发的潜力、途径、方法及安全性评价体系
我国典型或关键区域的气候变化及其生态系统的响应	环境科学、生态学、地理学	青藏高原气候变化及其敏感性，气候与冰冻圈相互作用及其对我国和毗邻地区的潜在影响，中国东部季风区气候时空变化过程及其影响 气候变化对东北地区森林生态系统结构、生物多样性和生态功能的影响，北气候干暖化过程的成因、机制、发展趋势及其对水资源、农业生产和社会经济发展的影响 人类活动与气候变化对荒漠化过程的驱动机制，沙尘暴发生发展和区域传输的气候学原理，气候变化对流域尺度山地-绿洲-荒漠复合生态系统能量交换、水分和养分循环的影响及其响应机制 气候变化及海平面上升对沿海城市规划、基础设施和社会经济发展的影响与适应对策
生态系统的碳循环及其温室气体管理的科学原理	环境科学、生态学、地理学	生态系统的碳氮循环机理及其与气候变化的关系，生态系统的温室气体吸收和排放、捕获和地下埋存理论和技术 农牧业温室气体减排机制，陆地生物固碳机制和技术，生物质资源和能源的开发与利用等

二、退化生态系统恢复与重建及生物多样性保育

退化生态系统恢复与重建是一项复杂的系统工程，虽然对恢复与重建的理论和方法已经有过一些研究和探索，但其理论体系和技术体系尚未形成，缺乏对其基础理论问题的深入研究。通过对国内外近50年来的生态系统恢复与重建研究和应用的分

析，退化生态系统修复学科还存在以下五个方面的问题：一是虽然对生态系统退化的总体框架已有所理解，但对退化生态系统的成因和干扰体及其驱动机制、退化的生态过程及其机理的阐述和研究还较为薄弱，这也是当前退化生态系统亟待深入研究的关键和核心问题；二是退化生态系统恢复与重建模式的试验示范研究还局限于一些小的、局部的区域范围或单一的群落或植被类型，缺乏从流域整体或系统水平的区域尺度的综合研究与示范，也缺乏对已有的模式随时间推移、全球变化和经济社会发展的需求而变化的优化调控策略研究；三是退化生态系统恢复与重建的最终目标之一还在于保护恢复与重建后的自我可持续性状态，这就要求建立生态可持续性评估的指标与方法，但目前对退化生态系统的诊断仍缺乏有效、准确的定量方法，同时缺乏可操作性的监测、评价生态系统及其恢复与重建的指标与模型；四是生态重建过程中的经济行为同样是重建与恢复成功与否的关键，但目前对生态恢复与重建过程中的经济行为研究还较少，在自然–经济–社会复合组成的生态系统恢复与重建中，如何促进流域社会经济可持续发展也是大规模生态系统恢复与重建所必须面临的问题；五是生态系统恢复与重建的理论体系和技术体系尚未形成，缺乏基础理论，从而导致在恢复与重建技术方法的应用上的盲目性和不确定性。

在生态系统退化较为普遍且严重的当今，明确中国主要类型区生态系统退化的类型及成因，不同类型区退化生态系统植被恢复机制和途径及可恢复程度，以生态经济可持续发展为目标，拟定完善的退化生态系统修复的诊断指标体系，阐明生态恢复对区域环境及全球变化的响应，提出宏观整治战略及生态环境建设的总体部署与途径，尽快发展具有中国特色的生态系统恢复与重建理论体系和技术体系，促进中国自然、社会和经济的可持续发展，是当前一项十分艰巨的任务。该领域的重点科技问题如下。

（一）退化生态系统成因、恢复机制及其稳定性维持途径

提出完整的分类评价指标体系与方法，完成对全国范围内退化生态系统的普查，制定退化生态系统分类系统，为退化生态系统研究和治理等提供基础数据，也为生态与环境长期监测提供本底数据。对各类生态系统退化的成因机制、动态过程及发展趋势进行研究，提出退化生态系统宏观整治战略及生态环境建设的总体部署与途径，并研究拟定完善的退化生态系统修复的诊断指标体系。

开展不同类型生态系统退化的类型及成因，不同生态类型区退化生态系统植被恢复机制和途径及可恢复程度的研究，需重点开展中国不同类型区植被自然恢复过程人工干预的条件和方法，不同类型区植被恢复潜力、稳定性维持机制，不同区域植被生态系统与环境因子耦合关系，不同区域植被的生态功能评价标准，不同类型区植被的区域布局和不同尺度的景观格局及其对生态系统间相互关系等内容的探讨。

（二）陆地生态系统表层过程与格局的整合研究

陆地表层生态系统包括与人类密切相关的环境、资源和社会经济在时空上的结构、演化、发展及其相互作用，是地球表层受人为活动影响最大的一个子系统，因此，对它的研究是恢复生态学未来发展的重要领域。陆地表层生态过程的研究将向微观深化和宏观综合两个方向拓展，关键在于生态系统中各界面过程的综合研究。近期主要研究方向包括：水文循环过程与水量转化机理及其物理实验模拟；流域生态系统中物质迁移过程及其对区域环境的影响；不同时空尺度侵蚀发生、发育过程及其驱动机制；土地利用/覆被演变过程及其调控机理；土壤–植物–大气连续系统生源要素循环过程及区域尺度转换；生命元素、污染物质、重金属和稀土的环境生物地球化学过程及其健康效应等。

（三）退化生态系统恢复与重建的社会经济学研究

退化生态系统恢复与重建涉及广泛的人文、社会与经济科学问题，应该在自然科学研究基础上，开展退化生态系统恢复与

重建的法学、环境科学、经济学、社会学等方面的研究。由于生态系统的复杂性，一些环境因素还具有突发性，有时会发生不可预见的实际问题，为此需要进行退化生态系统恢复与重建的决策系统的研究，构建恢复与重建方案的决策框架，进行决策分析、风险评价和管理；探讨退化生态系统恢复过程的风险、投入、效应和效益的多学科综合集成研究。同时，强化退化生态系统恢复的立法研究，由于区域性和大尺度的有效生态恢复不能只靠学者的研究和民众的热情，必须通过立法成为依据，由司法保证其有效实施。

（四）重要生物资源的种群动态和经济开发潜能的生态学研究

现代生物产业是基于人工创造的良好生态环境，促进生物资源最大限度地提供人类需要的生物产品的一个生态经济学过程。生物产业能否规模化发展和一定规模的经济生物量如何能最有效地建立是现代生物产业发展的核心问题。为此，必须分析生物资源是否具有经济化开发的潜质，以及它产生最大经济产品需要的生境要素。对重要生物类群的生物学特性及其生态适应潜能，特别是对种群动态演替研究以获得最优持续产量等参数，是生物资源合理有效开发的科学基础，对区域退化生态系统恢复具有重要指导意义。

（五）退化生态系统恢复对区域环境影响和对全球环境变化的响应

结合中国退化生态系统现状和恢复与重建的未来需求，需强化土地利用/覆被变化及其驱动机制、生态系统退化及其恢复对区域生态环境影响、退化生态系统发展演化对全球变化的响应、退化生态系统恢复重建活动对全球变化的适应性、全球环境变化及其对生态脆弱地区生态系统结构与功能的影响与响应，全球环境变化的生态战略对策等内容的研究。其中，全球环境变化的社会经济对策涉及自然地带推移变化、土地利用与农林牧业的结构与布局、能源结构调整、海岸带的防御措施，以及自然资源合理利用和自然灾害防治等内容。

（六）生物多样性普查与外来入侵生物监控

生物多样性资源是一个国家实现可持续发展和涉及国家安全的战略资源，查明中国生物多样性的基本情况对于生物多样性保育、监控外来生物入侵及生物资源的合理开发利用等具有重要意义。近期应重点考虑的研究方向包括：中国典型生态系统中和关键地域的物种多样性深度普查，野生生物资源的搜集、快速鉴定、评价与保存技术的建立，关键性状与基因的发掘，生物多样性数字系统的构建；研究生物多样性的分布规律，外来种、生物入侵及生态效应，构建生物入侵的监测体系，实现对有害生物的控制；全面展开中国生物种质资源的评价、快速鉴定、保存技术与利用对策研究；基于中国未来对特殊遗传资源的巨大需求，重点开展典型生态系统和特殊生境中战略遗传资源的挖掘、保育与适度利用；生物多样性经济价值的快速评估。第一阶段针对中国生物多样性热点地区，第二阶段可扩展到全国典型区域及周边国家。

（七）生物多样性演化的时空规律及其生物入侵控制

生物多样性形成和演化机制的研究是有效保护和科学利用生物多样性资源的基础，不仅能为退化生态系统的恢复与重建工程提供核心理论指导，而且将极大地增强中国对生物多样性和生态系统时空演变态势的预测能力，从而能够提高重大决策的前瞻性和科学性。近期的主要研究方向包括：中国不同地理区域生物多样性的分布格局、形成和演化机制；全球变化下的生物多样性的演变态势；生物多样性分布和历史生态环境变化的关系；生物多样性对生态系统稳定性及其功能的影响；关键性状的起源与物种形成及适应性分化；濒危物种迁地保护和种群复壮的关键技术。

该领域的科技发展路线图与主要科学问题和关键技术见图7-2和表7-2。

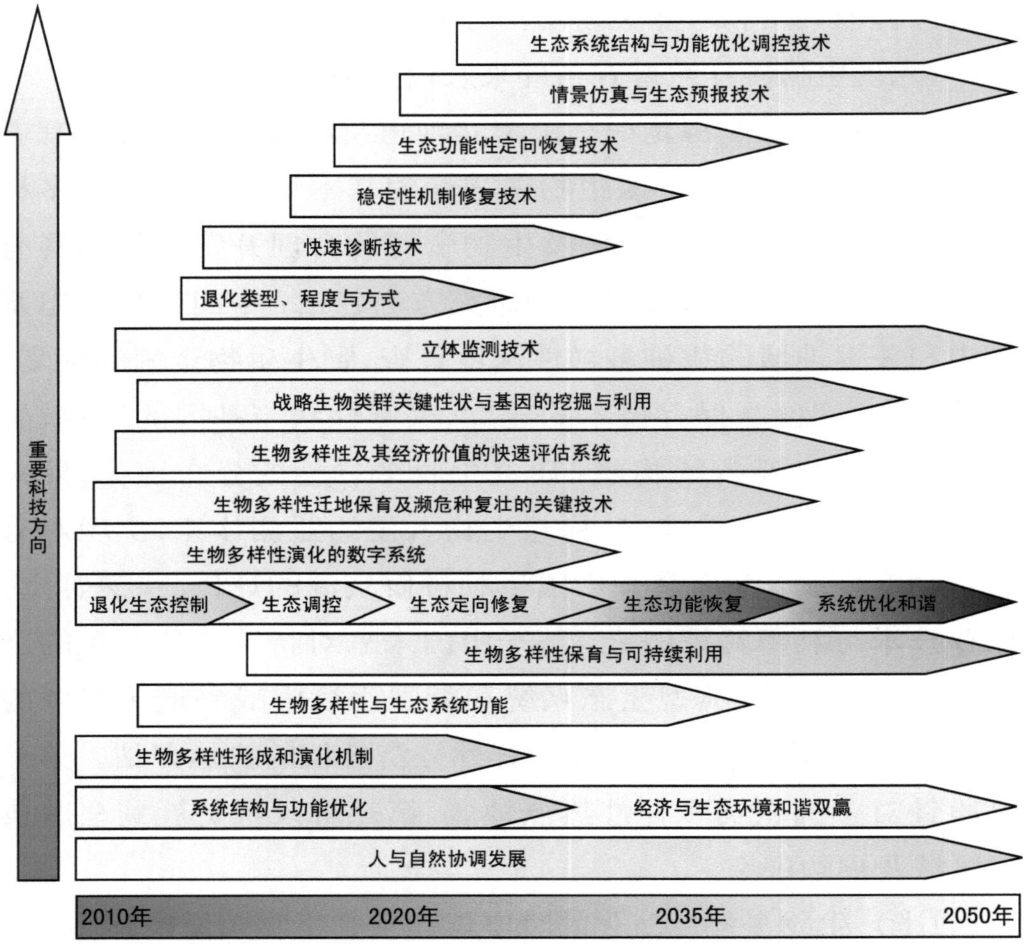

图7-2　退化生态系统修复与生物多样性领域科技发展路线图

表7-2　退化生态系统修复与生物多样性领域的主要科学问题和关键技术

主要目标	科技领域	主要科学问题和关键技术
生态系统结构与功能优化和谐	生态科学	加强野外台站建设，完善生态退化与修复监测体系；退化生态系统成因及其恢复机制与途径，重点开展不同类型区植被自然恢复过程人工干预的条件和方法；生态系统表层过程与格局的综合研究；重要生物资源的种群动态和经济开发潜能的生态学研究；退化生态系统恢复对区域环境影响和对全球环境变化的响应；生态退化区植被快速重建与生态修复关键技术
社会经济与生态环境双赢	生态经济学	退化生态系统恢复的社会经济学研究；强化退化生态系统修复的立法研究；开展生态修复与经济和谐发展综合决策支持系统

表7-2（续）

主要目标	科技领域	主要科学问题和关键技术
我国生物多样性普查与演变态势	生态学	中国典型生态系统中特殊遗传资源挖掘、保育与适度利用；第一阶段针对中国生物多样性热点地区，第二阶段扩展到全国典型区域及周边国家
生物多样性演化的时空规律及其生物入侵控制	生态学	中国生物种质资源的评价、保存技术与利用对策研究；野生生物资源搜集、评价与保存技术与基因的发掘；外来种、生物入侵及生态效应；生物多样性与全球变化的相互关系；生物多样性分布和迁移趋势；生物多样性保护与区域生态环境
脆弱生态系统生物多样性保育的综合技术	生态学	脆弱生态系统生物多样性与系统稳定性偶联机制，特别是地下生态过程研究；脆弱生态系统/生物多样性保育的综合技术及其应用示范

三、城市化与环境质量

中国已进入快速城市化时期。实现城市化和城市协调发展，对科技提出了迫切需求。包括：以探明未来中国城市化规律为基础，以多学科的城市区域科学规划为重点，发展现代城市区域规划关键技术及动态监控技术；阐明复合污染发生机制和先进控制技术；突破城市废弃物资源化和生物地球化学过程的定向调控技术，开发资源节约型、高耐久性绿色建材，提高城市资源和能源利用效率；加强信息技术应用，开发城市数字一体化管理技术，建立城市高效、多功能、一体化综合管理技术体系；发展城市生态人居环境和绿色建筑；发展城市污水、垃圾等废弃物无害化处理和资源化利用技术，开发城市居住区和室内环境改善技术，显著提高城市人居环境质量。

（一）至2050年中国不同发展阶段城市化特征预测和代谢特征

城市化是工业化和现代化的重要标志，反映了经济社会综合发展的进程和水平。实现城乡统筹，解决长期困扰中国经济社会健康发展的“二元结构”和“三农”问题，其关键是大力推进城市化进程。从总体上看，目前城市化滞后工业化进程仍然是制约中国经济社会快速健康发展的主要矛盾，未来50年是中国城市化发展的重要时期，城市化是生态与环境演变的关键驱动因子。为继续有效推进城市化战略，克服城市化过程中出现的难题，防止未来城市化过程中可能出现的其他新问题，有必要根据中国城市化的区域差异，探索中国不同区域在各时期的城市化特征和代谢特征，包括社会经济特征、社会行为和城市环境福利；分析和预测不同城市化发展阶段的人口结构、产业结构、空间扩张、生产方式、消费方式等的变化，为建立健康有效的城市化过程提供对策和措施。

（二）城市生态系统过程与人类胁迫机制

城市是人与生态环境相互作用最强烈的区域，也是各种人类活动与自然因素构成的复合生态系统，城市生态系统的结构与过程表现出一些自身特有的规律。由于人类对城市生态系统认识不足，在城市建设中违背生态学规律，从而引起一系列城市生态与环境问题。快速城市化引起的资源耗竭、环境污染、热岛效应、拥挤效应、人居环境恶化、人群健康等问题，以及对区域生态系统的胁迫作用，将是中国今后建设小康社会、实现可持续发展所面临的重大挑战。城市发展的可持续性在一定程度上决定了我国经济与社会发展的可持续性。中国是一个区域大国，虽然各地经济均以快于改革前各自的速度在增长，但是，由于各地经济增长速度快慢不一，区域经济发展不平衡有所加剧，东部地区的发展程度远远高于中西部地区。分阶段研究中国东部和中西部地区不同经济发展阶段的城市生态系统格局与功能，系统探索人类活动与城市生态系统生态服务功能相互作用的动力学机制，阐明城市化过程对生态与环境演变的驱动机制，建立城市生态系统综合分析和监测的方法与技术，探讨统筹兼顾的生态整合方法，为城市和区域发展的规划与管理提供科学依据，是我国当前城市发展所急需解决的科学问题。

（三）城市化过程中复合污染发生机制及生态与健康效应

中国在近30年的城市化快速发展过程中，在一些重要经济区域形成了点、线、面源污染共存，生活、生产污染叠加，各种新旧污染物交织，水、气、土污染交互影响的复杂态势。环境质量是人类根本利益对环境的性状和行为的优劣判别，它与资源一样是人类生存、生活和发展的基本条件。工业化以来，人类生存环境质量已发生了100年尺度的快速而深刻的变化。环境质量变化的根本原因是人类经济活动中污染物的排放与自然环境的变化，即是地球表层生态系统进入人文时期后人类对自然冲击的结果。因而，环境质量是协调人与环境的基本依据，是构成可持续发展的科学基础。城市化过程中复合污染物的环境传输、发生机制、环境质量的演变及其生态与健康效应是当今及未来城市环境科学的核心问题。其研究目标是分析城市化过程中环境污染物多介质迁移转化机制和传输途径，阐明城市生态系统中污染物的生态与健康效应；研究城市生态系统中不同污染物的耦合作用机理和环境复合污染形成机制，探索复合污染形成途径与生态健康效应，以及城市环境质量变化对人居环境质量和生命健康的影响及其调控原理。第一阶段主要针对中国东部沿海的四大城市群开展研究（珠江三角洲城市群、长江三角洲城市群、海峡西岸城市群、环渤海城市群）；第二阶段主要研究中部城市群（长株潭城市群、武汉城市群），并逐步扩展到西部地区。

（四）城市代谢机制与调控技术

作为资源集中消费与废物集中释放的区域，城市的物质与能量代谢过程在一定程度上对改善城市环境起着决定性作用。城市的生物地球化学循环过程正深刻影响着城市、区域、全球等各尺度的环境变化，而已建立的自然生态系统中物质循环模型并不适用于城市环境系统中。城市环境问题的生态学实质是物质与能量代谢在时间、空间尺度上的滞留，导致环境的污染和有害物质的富集。研究城市物质与能量代谢方式、代谢途径与代谢效率，弄清生态系统尺度上的物质滞留和耗竭的机理是诊治城市病的基础和前提。从城市代谢入手，研究城市物质与能量代谢的总量、效率、特征、结构、演变规律和趋势等，是国内外研究城市发展的一个新方向，有助于解决城市生态环境问题。通过研究不同社会经济水平、政策和行为特征对城市代谢的影响特征，阐明城市化进程中社会经济水平、政策和行为方式对城市物质和能量代谢过程的影响，建立城市代谢的优化控制模式，研究社会经济水平、政策和行为方式变迁导致的城市物质和能量代谢效率评估方法，模拟城市化过程中物质和能量代谢效率的动态作用过程，明确不同社会经济水平、政策和行为特征对城市物质和能量代谢效率的影响机理，并探索有效的定向调控手段。

（五）基于多学科整合的城市及城市群生态规划与设计

城市及城市群生态规划是城市及城市群生态建设的依据。针对中国当前城市化快速发展的国情，开展新兴城市与城市群生态规划研究，通过城市及城市群生态规划来实现城市及城市群土地合理利用，引导城市及城市群建设合理布局，为当地城市及城市群基础设施建设、产业的选择和布局、居民的消费行为等提供技术体系服务和模式示范，建立环境友好、和谐发展的新城市及城市群体系模式。结合环境科学、城市学与环境传感器遥测、无线数据传输技术，开发和应用信息工程、系统工程、遥感、全球定位系统和地理信息系统等工程技术，整合社会学、心理学、历史学、经济学、管理学等社会科学，分析城市复合生态系统的服务功能和特征，研究城市发展自身的规律与环境承载力、生态服务之间的相互关系和作用机制，根据不同社会经济发展阶段对城市环境的要求，发展耦合社会经济要素和环境功能的现代城市及城市群规划理论及其方法。

面对城市这一复杂巨系统，城市环境研究的内容已经从各学科不同的角度、侧面与层次上的研究向跨部门、跨学科、综合与整体的方向深化，研究对象也从城市自然生态系统向自然社会经济复合生态系统发展。城市及城市群生态规划与设计研究内容的基本框架见图7-3。

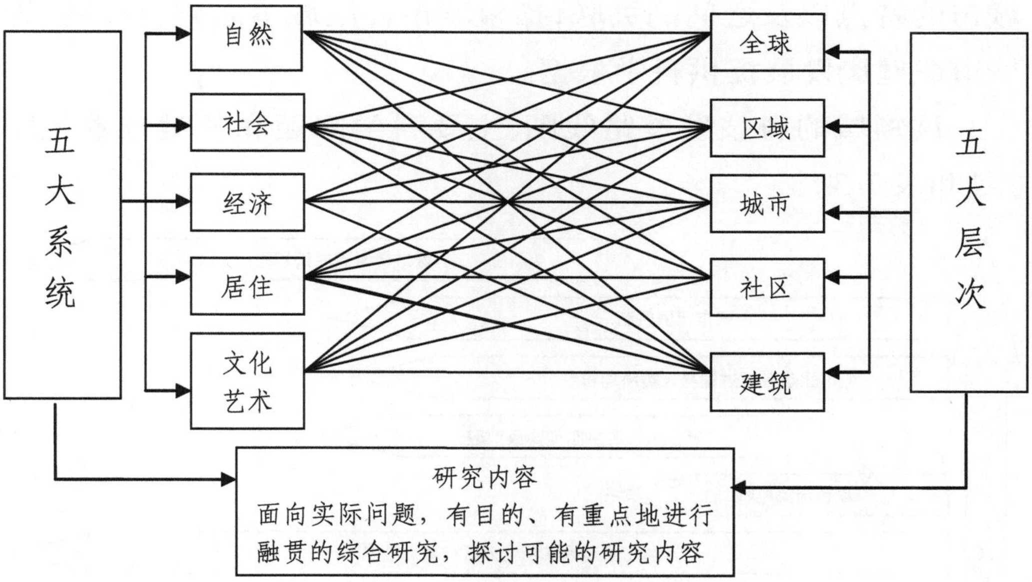

图7-3　城市及城市群生态规划与设计研究内容基本框架

（六）可持续的城市及城市群建设模式研究

城市无序化蔓延和非理性化增长将使我们和我们的后代为其支付高昂的经济、社会和环境代价，其后果难以想象。在中国快速城市化的进程中，如何进一步全面有效推进可持续城市建设是一项越来越迫切需要解决的重大问题，相关的理论与方法问题研究更需要予以充分关注和高度重视。通过分析城市环境管理与政策对城市发展的影响和作用机制，建立城市环境政策与城市发展响应模型和城市环境管理决策支持平台，探索面向可持续性城市的环境管理模式，建立针对不同城市及城市群可持续发展和环境保护协调发展理论与方法，阐明可持续的生产与消费模式，为中国的可持续城市及城市群建设提供科技支撑。

城市群是区域经济活动的空间组织形式，城市群的形成和发展是城市化的高级形态。随着经济发展与城市化水平的提高，城市群的形成与扩张是城市化发展的趋势，并在城市化进程中发挥重要作用。在中国经济发展水平和城市化水平较高的地区，城市群的发展和完善是推进城市化发展的主要途径。因此，我们需要探讨城市群的耦合发展机制和跨区域协调发展机制，阐明城市群间的空间区域布局的优化方法，明确城市群各大中小城市的特点以及之间的关联，探索城市群区域生态整合机制，为城市群健康发展提供科学根据。

该领域的科技发展路线图、主要科学问题和关键技术见图7-4和表7-3。

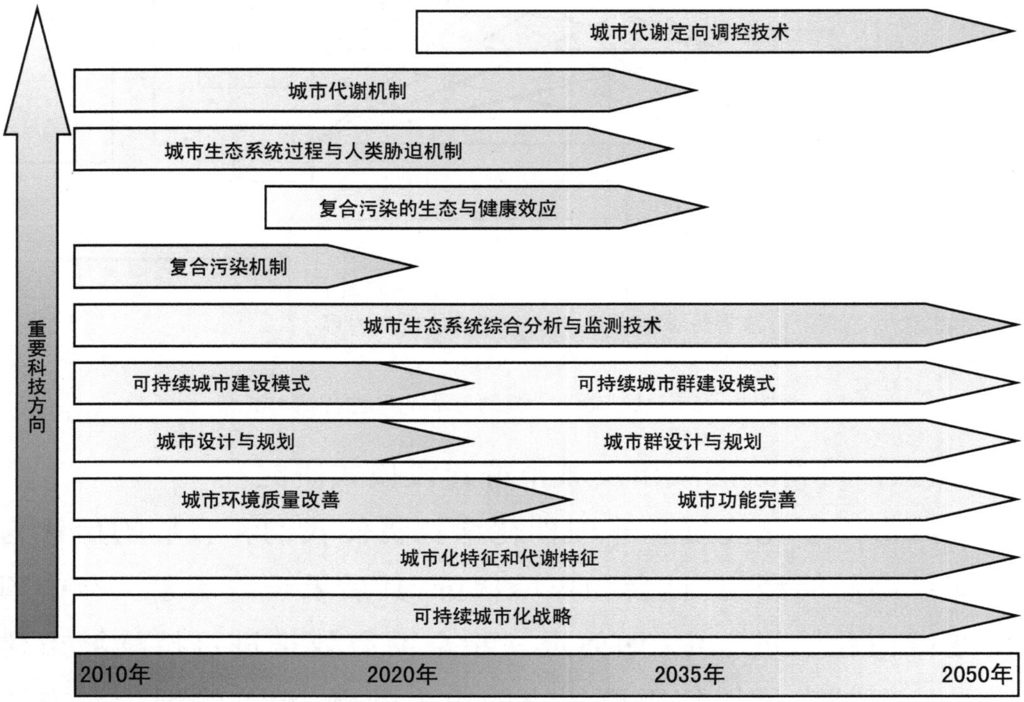

图7-4 城市化与环境质量领域科技发展路线图

表7-3 城市化与环境质量领域的主要科学问题和关键技术

主要目标	科技领域	主要科学问题和关键技术
城市化与消费特征预测	城市学、环境科学	根据我国城市化的区域差异，探索我国不同区域在各时期的城市化特征和消费特征；分析和预测不同城市化发展阶段的人口结构、产业结构、空间扩张、生产方式、消费方式等的变化
城市生态系统过程与人类胁迫机制	生态学、环境科学	分阶段研究我国东部和中西部地区不同经济发展阶段的城市生态系统格局与功能，系统探索人类活动与城市生态系统生态服务功能互作的动力学机制，建立城市生态系统综合分析和监测的方法与技术
城市化过程中复合污染发生机制及生态与健康效应	生态学、环境科学	分析城市化过程中环境污染物多介质迁移转化机制和传输途径，阐明城市生态系统中污染物的生态与健康效应；研究城市生态系统中不同污染物的耦合作用机理和环境复合污染形成机制，探索复合污染形成途径与生态健康效应

表7-3（续）

主要目标	科技领域	主要科学问题和关键技术
城市代谢机制与调控技术	生态学、环境科学	阐明城市化进程对城市物质和能量代谢过程的影响和代谢效率评估方法；模拟物质和能量代谢效率的动态作用过程；探索有效的定向调控手段
基于多学科整合的城市及城市群设计与规划	城市学、地理学、环境科学、生态学	分析城市复合生态系统的服务功能和特征，研究城市发展自身的规律与环境承载力、生态服务之间的相互关系和作用机制，根据不同社会经济发展阶段对城市环境的要求，发展耦合社会经济要素和环境功能的现代城市规划理论及其方法
可持续的城市及城市群建设模式研究	环境经济和环境管理	分析城市环境管理与政策对城市发展的影响和作用机制，建立城市环境政策与城市发展响应模型和城市环境管理决策支持平台，阐明可持续的生产与消费模式；城市群的耦合发展机制和跨区域协调发展机制，阐明城市群间的空间区域布局的优化方法，探索城市群区域生态整合机制

四、土地/流域/海岸带生物地球化学过程

21世纪，人类生存与发展面临诸多矛盾，土地作为人类生存与发展的最基本要素和载体，土地利用/覆被快速变化造成的一系列环境与生态影响，成为生态与环境保护关注的重要方面。我国的经济增长在很大程度上依赖于土地的高强度开发，工业化、城市化与交通基础设施快速发展，导致大量耕地丧失；土地不合理开垦和利用，导致水土环境污染加重、草场与森林退化、生物多样性减少、水土流失、滑坡泥石流灾害加剧等。流域既是当今人口、经济与城市集中分布区，也是土地利用/覆被变化及其引起的生态退化和环境恶化等问题集中表现所在，并以河流为纽带，延伸影响到全球生态系统中最有价值和最易受人类影响的海岸地区，使得海岸地区在碳、氮、硫、磷、痕量元素和其他元素的生物地球化学循环中起着枢纽性的作用。该方向重点研究土地/流域/海岸生物地球化学过程，从人与自然和谐的角度出发，针对不同尺度流域–海岸系统，揭示自然和人为因素共同作用下土地利用/覆被变化的过程、机制和趋势，阐明由此引起的碳、氮、硫、磷、痕量元素与其他元素的生物地球化学循环的演变规律及其对流域、海岸带生态系统演替的可能影响，提出优化土

地利用结构、强化土地生产与生态功能，维护流域和海岸生态系统健康的策略与途径。

（一）土地系统变化的精准监测与生态模拟评估

土地不仅具有食物生产功能，而且还具有维护区域生态平衡的功能，维护土地的生态功能将是未来土地利用优化的重要目标。实时获取精确的土地系统变化的信息，评估土地系统变化的生态效应是优化土地利用的基础和前提。近期重点是建立和完善天基和地基相结合的（星、机、地一体化的）土地系统监测技术方法体系，解决资源与环境监测时间空间精度、标准确定、多源数据融合与集成、关键参数精确反演等关键技术，实时准确掌握土地系统结构、生产与生态功能变化的格局与过程，定量揭示变化的主导影响因素及动力学机制；同时研究不同土地利用方式与强度造成的碳、氮、硫、磷等元素产出及迁移转化规律，构建土地系统结构、生产与生态功能变化预测模型，开展土地利用/覆被变化的生态评估以及不同土地集约利用与优化配置方案的生态影响情景分析。远期重点探讨不同区域土地质量（基本环境化学要素的背景值）形成、时空分布与变化规律，解决多重胁迫下土地生态安全"临界值"确定和系统健康指标问题，建立不同尺度流域生态安全的土地精准利用规划与设计的理论与方法体系。

（二）流域生物地球化学循环及其对生态系统的胁迫与修复

元素生物地球化学循环是深刻理解流域各类生态系统退化的关键。目前，流域普遍存在河湖水体富营养化和生态系统退化问题，与土地利用/覆被变化造成的氮、磷等生源要素过度排放有关。近期重点研究流域氮、磷等营养元素在河流、湖泊等水体的水、沉积物和生物等不同介质中的赋存形态和跨介质的迁移、转化和交换规律，以及温度、光照、透明度和波浪、流速等水动力要素的影响，探讨营养元素对河湖生态系统结构演替和功能灾变的影响及其生态系统结构与功能变化对营养元素生物地球化学过程的反馈作用，研究流域营养元素控制与阻断及其受损生态系统修复的原理与方法。远期重点研究土地利用/覆被变化输出的碳、硫和其他痕量元素的生物地球化学过程、动力学机制及其生态系统效应，探讨不同生态系统健康的元素含量的“阈值”，研究维护各类生态系统稳态转换与完整性以及不同介质中过量碳、硫和痕量元素收集储存的原理与技术途径。

（三）海岸带生物地球化学过程与调控

土地利用/覆被变化输出的碳、氮、硫、磷等元素经过河湖一系列迁移、转化过程，最终输移进入海岸带生态系统，影响海岸带和海洋生态系统的演替。近期重点研究生物地球化学过程变化和海岸带生态系统与陆地、海洋等周边生态系统的耦合，定量描述生源物质和各种元素形态在海岸带生态系统内外迁移转化规律及其动力学机制；将流域–海岸海洋区域–开阔大洋作为一个整体，通过不同学科和研究手段的融合，综合考察营养盐和污染物质在该体系内的生物地球化学循环过程，及其对海岸海洋生态系统生态和人类健康的影响。远期利用大量、长期、系统的现场观测，结合物理海洋学、海洋生态学、海洋生物学等不同学科，并耦合生物地球化学循环模型和初级生产力模型，研究全球气候变化和人类活动双重影响下，海岸海洋区域的营养盐和污染物质生物地球化学循环过程与食物网的相互作用，及其对海岸海洋生态系统多样性、生态功能多样性和初级生产力的影响，提出生态系统健康保育的调控策略。

（四）海陆相互作用与流域/海岸带综合管理的理论与方法

通过实施流域/海岸带综合管理，缓解资源环境问题越来越成为政府、科学界和社会公众的共识。重点研究陆地–海洋、海洋–大气、海岸带–大洋等物质输移及其界面间的交换通量和时空变化，探讨人类高强度人类活动和全球气候变暖因素等对海陆相互作用的影响；研究流域/海岸带水、土、生物和矿产等各类资源开发限度与安全“阈值”，建立流域/海岸带生态–经济功能分区的原则与方法，明确不同分区的主导生态–经济功能和重要生态功能保护区范围；发展“数字流域/海岸带”和流域/海岸带虚拟现实技术，建立流域/海岸带健康定量诊断与预警评估模型及其流域/海岸带综合管理决策支持系统；构建流域/海岸带生物地球化学良性循环和生态系统健康维护的成套理论与技术方法体系。

该领域的科技发展路线图、主要科学问题和关键技术见图7-5和表7-4。

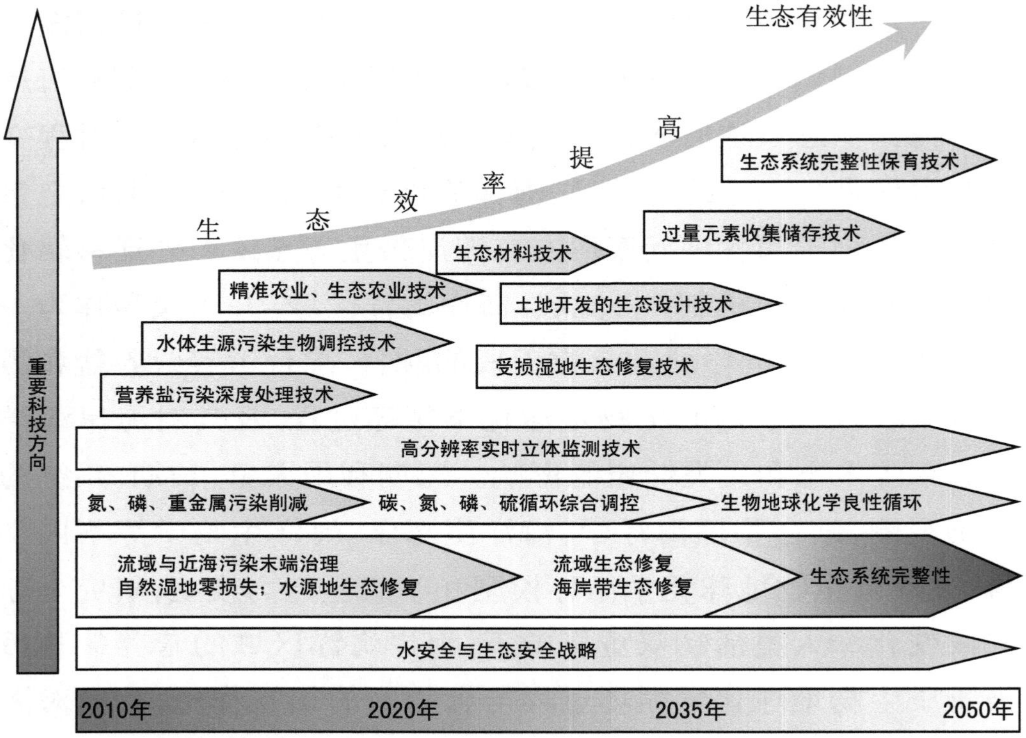

图7-5　土地/流域/海岸带生物地球化学过程领域科技发展路线图

表7-4　土地/流域/海岸带生物地球化学过程的主要科学问题和关键技术

主要目标	科技领域	主要科学问题和关键技术
生物地球化学循环原理	地球化学	碳、氮、硫、磷以及痕量元素生物地球化学循环变化与土地系统、生态环境演变的关系；土地系统、流域/海岸带与海洋系统相互作用的关键生源要素生物地球化学行为及其动力学机制；不同子系统生物地球化学通量变化及其生态环境效应等
生态系统恢复与重建及完整性维护	生态工程	土地/流域/海岸带系统的结构、功能与变化的过程、格局及其与生态系统服务功能演变的联系；各类元素控制与循环过程阻断技术原理与方法；土地、水体与海岸带受损生态系统恢复与重建及系统完整性维护途径与技术方法等

表7-4（续）

主要目标	科技领域	主要科学问题和关键技术
流域土地、生态环境规划与管理	规划及管理	土地生态安全的精准利用规划与设计理论与方法；流域/海岸带生态－经济功能分区的原则与方法；流域/海岸带生态系统完整性与优化方法；流域综合管理的机制与体制等
生态与环境立体监测和预警	信息技术	天基和地基相结合的土地、生态环境立体高精度监测技术方法集成；关键参数精确反演关键技术；土地/流域/海岸带系统变化及其生态效应模拟与预警；数字流域/海岸带与综合管理决策支持等

五、环境污染控制与修复

中国近30年来的经济发展在一定程度上实现了西方国家经过100多年才得以实现的发展目标，如此高速的经济发展给资源开发和生态环境保护也带来前所未有的压力。问题主要体现在：能源、资源利用率低，污染物排放强度高，很多地区主要污染物排放已超过环境承载能力；污染与其对生态系统的胁迫已从陆地蔓延到近海，从地表延伸到地下，从单一污染发展到复合污染；工业结构性污染呈现不同空间尺度的梯度性转移和变化，在一些重要经济区域和流域形成了点、线、面源污染共存，生活、生产污染叠加，各种新旧污染物交织，水、气、土污染交互影响的复杂态势，核与辐射环境安全存在隐患；各种受损的环境系统亟待修复。环境污染控制与修复研究应重点解决污染过程与效应的机制问题、控制与治理的技术问题和恢复与修复的方法问题。

（一）城市群大气复合污染机制与控制

城市群大气复合污染将是中国今后40～50年经济快速增长对人体健康和社会发展具有直接影响的重大环境问题，其中对大气中细粒子和氧化剂的形成及其复合污染过程的认识与控制是核心任务。因此，第一阶段主要发展针对大气细粒子和氧化剂的监测及表征技术，同时探明细粒子和氧化剂形成的主控因子及其交互作用机制；第二阶段针对区域大气环境的变化特征，发展细粒子和氧化剂的系统控制的关键与集成技术，建立大气环境质量的预测预报方法体系。

（二）流域水体污染过程与水质安全保障

水资源短缺和流域水体污染将是中国社会经济发展面临的长期挑战，水循环系统各环节的水质安全保障将是解决中国水质性缺水的根本途径。第一阶段将针对水体常规和有毒有害物质复合污染问题，在流域、重点水源和水资源综合利用过程的不同层次，建立流域水质的基础数据库，探明重点流域复合污染过程，发展污染控制的新原理和新方法，开发和集成饮用水安全保障和污染水回用新技术；第二阶段将基于水体复合污染对人体/生态系统的健康风险，研究重点流域水体复合的调控机制，构建水循环过程水质安全保障的科学与技术体系。

（三）土壤污染控制和污染场地修复技术

在基础研究方面，主要围绕水–土壤–生物系统中污染物迁移转化的机制，在分子水平上探明污染物在土壤中的赋存及其控制因子，阐明污染物向水体和食物链传递的过程机理和主要控制因子。应用研究方面，主要针对中国矿产资源开发集中的区域，综合利用生态设计的理论开展受损生态系统的恢复与重建；针对中低污染农田开展污染控制的化学与生物学技术，实现食品安全的源头保障。在应用方面，重点在中国典型城市及城郊结合部开展污染场地修复技术集成与应用示范。

（四）污染物的多介质循环与环境风险综合调控

环境中的污染物是在水、大气、土壤、生物等多种介质中运移、循环和转化的，因而不同介质之间具有相互影响和交互作用的基本特征。在未来的几十年中，这种复杂的作用和影响将是环境科学与技术研究的重要方向。为此，在第一阶段将选择重点流域或区域，研究氮、磷、常规有机物和代表性有毒物质在水体、大气、土壤中转移、分配和转化规律，提出以污染物为主线的环境介质交互作用机制，阐明污染物在物理、化学和生物联合作用下的环境效应，开发关键控制技术；第二阶段将建立典型污染物在不同环境介质中的循环模式，构建基于物质多介质循环和生态系统完整性的环境风险综合调控方法和管理体系。

该领域的科技发展路线图、主要科学问题和关键技术见图7-6和表7-5。

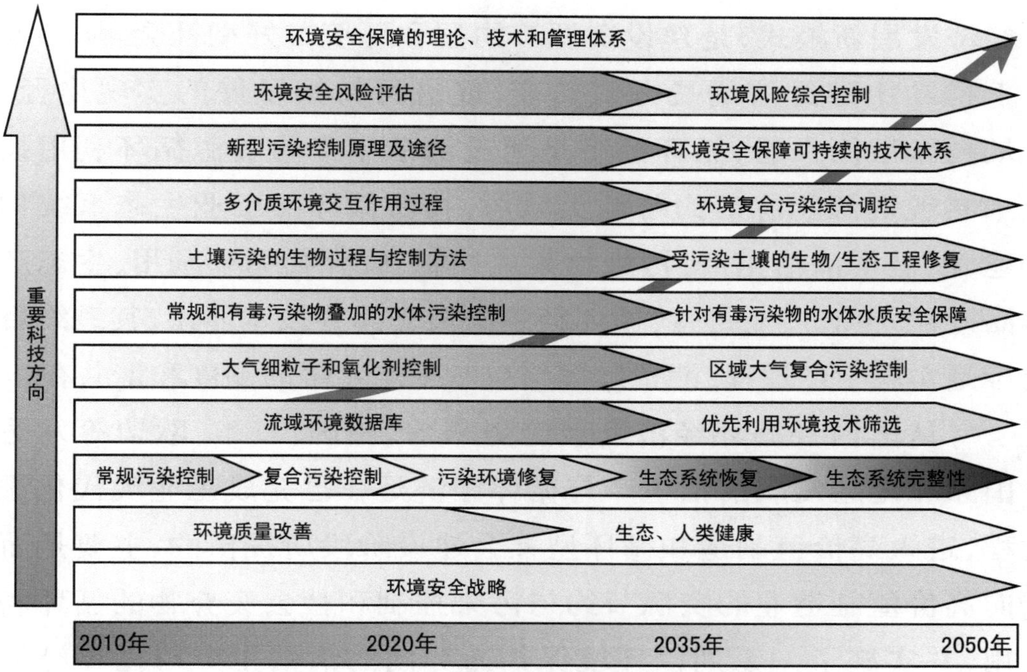

图7-6　环境污染控制与修复领域科技发展路线图

表7-5　环境污染控制与修复领域的主要科学问题和关键技术

主要目标	科技领域	主要科学问题和关键技术
城市群大气复合污染机制与控制	环境科学与工程、信息科学	大气中细粒子和氧化剂的形成及其复合污染过程 大气灰霾天气成因 大气环境质量变化的关键驱动因子 大气复合污染控制关键与集成技术 大气环境质量的预测预报技术
流域水体污染过程与水质安全保障	环境科学与工程、生态学、信息科学	流域水体水质监测预警与基础数据库 水环境与水质基准 水体复合污染过程、生态与健康效应及控制修复原理饮用水安全保障及污水资源化的理论与技术体系 基于人体/生态系统健康的水循环安全保障模式 流域水体水质的风险管理
土壤污染控制和污染场地修复技术	环境科学与工程、生态学、信息科学	分子水平上污染物在土壤中的富存及其控制因子 污染物向水体和食物链传递的过程机制和主控要素 受损生态系统恢复重建及其生态工程技术 农田污染控制的化学与生物学方法 典型城市及城郊结合部污染场地的修复与示范
污染物的多介质循环与环境风险综合调控	环境科学与工程、生态学	典型污染物的多介质、多界面环境行为 污染物在水、大气、土壤、生物间的循环与转化 基于物质多介质循环的环境质量改善的关键与集成技术 基于环境质量变化的生态系统完整性 环境质量综合调控与风险管理

六、清洁生产与循环经济

循环经济是实现资源节约、环境保护与经济发展相协调的经济发展新模式，是建设资源节约型和环境友好型社会，从根本上推动中国经济增长方式转变，促进可持续发展的实现途径。从技术层面来看，循环经济是通过清洁生产与资源循环利用技术实现资源能源节约与源头减污、物质循环与工业生态系统构建，涵盖了清洁生产、污染物集成控制、废弃物循环利用、生态产品设计、生态产业链接、循环经济决策支撑等技术体系，其最终目标是实现生产过程、消费过程与自然生态系统的高度和谐共存。

从国内外循环经济发展趋势来看，美国、日本、欧盟等发达国家和地区发展清洁生产与循环经济是在已完成工业现代化进程，进入高价值制造和循环型社会建设阶段所提出的，主要是面向高价值制造业的资源节约与污染控制和社会废弃物的循环利用，并实施了一系列以环境保护为导向的清洁生产与循环经济重大科技计划，带动了新一轮的绿色技术革命。而中国仍处于工业化发展中期，资源利用效率低、环境污染严重，资源环境问题已经成为中国经济社会可持续发展的瓶颈。在中国当前阶段，发展循环经济主要任务不仅要面向废弃物的资源化循环利用，更要注重源头减量化的产业技术升级，在加强末端污染治理基础上，探索生产、流通与消费关键环节的生态转型。中国2009年1月1日实施的《循环经济促进法》要求各级政府应将循环经济纳入各项规划，设立专项财政资金(包括科技专项)，以“减量化、再利用、资源化”为主要途径，将资源节约、环境保护与提高经济效益有机结合，实现环境污染治理思路的根本性转变，促进产业技术升级，从根本上维护环境安全与可持续发展。

据预测，中国将于21世纪40年代前后基本实现工业现代化，为实现这一目标，迫切需要大规模发展循环经济，转变经济增长模式。但从总体上来说，中国在清洁生产与循环经济领域科技创新仍处于发展阶段，尚未启动类似美国、日本、欧盟等发达国家和地区的清洁生产与循环经济重大科技行动计划，清洁

生产与循环经济创新能力尚不能满足循环经济大规模发展需求，急需加强中国循环经济科技创新顶层设计与总体部署，建立清洁生产—污染物集成控制—废弃物循环利用—生态产业链接—生态产品设计—循环经济决策支撑技术体系，引领清洁生产与循环经济技术革命在中国的展开。

清洁生产与循环经济

一、清洁生产与循环经济

清洁生产这一术语由联合国环境署提出使用，是为增加生态效率并降低对人类和环境的影响风险，而对生产过程、产品和服务持续实施的一种综合、预防性的战略对策。对于生产过程，它意味着要节约原材料和能源，减少使用有毒物料，并在各种废物排出生产过程前，降低其毒性和数量；对于产品，它意味着要从其原料开采到产品废弃后最终处理处置的全部生命周期中，减少对人体健康和环境造成的影响；对于服务，它意味着要在其设计及所提供的服务活动中，融入对环境影响的考虑。

循环经济是清洁生产的深化与发展，可以看作是对以物质“代谢”过程为依托的经济增长与发展模式的简称。目前，循环经济已经发展成为实现资源节约、环境保护与经济发展相协调的经济发展新模式。按照2009年1月1日起实施的《循环经济促进法》中的定义，循环经济是指在生产、流通和消费等过程中进行的减量化、再利用、资源化活动的总称。其中减量化是指在生产、流通和消费等过程中减少资源消耗和废物产生；再利用是指将废物直接作为产品或者经修复、翻新、再制造后继续作为产品使用，或者将废物的全部或者部分作为其他产品的部件予以使用；资源化是指将废物直接作为原料进行利用或者对废物进行再生利用。

二、我国清洁生产与循环经济发展大事记

2002年6月，全国人民代表大会常务委员会通过《中华人民共和国清洁生产促进法》，该法奠定了中国循环经济立法的基础。

2005年7月，国务院颁布《国务院关于做好建设节约型社会近期重点工作的通知》、《国务院关于加快发展循环经济的若干意见》（国发〔2005〕21、22号），系统阐述了发展循环经济的指导思想、基本原则和主要目标以及发展循环经济的重点工作和重点环节。

2005年10月，国家发展和改革委员会同国家环境保护总局、科学技术部等部委在重点行业、重点领域、产业园区和省市组织开展第一批国家循环经济试点工作。

2007年10月，胡锦涛总书记在党的十七大报告中提出要牢固树立生态文明观念，大规模发展循环经济，形成节约能源资源和保护生态环境的产业结构、增长方式、消费模式。

2007年12月，国家发展和改革委员会同国家环境保护总局、科学技术部等部委启动了中国循环经济的第二批试点，至此，中国循环经济试点单位已达178家。

2009年1月1日，《中华人民共和国循环经济促进法》正式实施，明确了我国发展循环经济的出发点、主攻方向和实施途径，提供了坚实的法制保障。

资料来源：张天柱，石磊，贾小平. 2006. 清洁生产导论. 北京：高等教育出版社

根据我国现阶段国情与中长期发展目标，清洁生产与循环经济技术和实践迫切需要从如下方面突破。

（一）高消耗、重污染基础过程工业的清洁生产技术升级

矿产资源加工利用的基础原材料生产是加工规模最大的生产过程，其加工过程操作的物质流、能量流密集，环境负荷极大。中国人均优质矿产资源短缺，现有资源加工多采用传统落后技术，大量采用有毒有害介质，资源能源利用率低下，环境污染严重，迫切需要建立大幅度提高资源利用率、大幅度降低环境负荷的矿产资源高效、清洁、综合利用的循环经济技术体系。研究前沿包括：①研发矿物资源转化的原子经济性清洁新工艺，建立高效节能、毒性原料介质替代、物质多层循环的绿色新过程，从不同尺度优化过程与设备的低环境负荷设计、放大、集成和调控；②建立资源多组分深度综合利用的绿色分离回收方法和废弃物零排放的工业生态网络；③研发矿物资源深加工与产品高值化集成技术。如2020年前迫切需要突破中国钒钛磁铁矿等特色战略金属矿产资源温和高效转化新介质技术、多金属绿色分离新原理与产品高值化可循环利用新体系，光气、氢氰酸等剧毒原

料（介质）的重要有机化工中间体生产的原子经济性反应与绿色过程工程新技术等重大基础过程工业清洁生产替代技术。

原子经济性反应

原子经济性反应是最理想的反应类型，在该反应中，生产原料当中所有的原子百分之百的转化为产物，不产生副产品或废物。其衡量标准是原子经济性（原子利用率）。这一概念最早是由美国斯坦福大学的B. M. Trost教授1991年提出。原子经济性的定义是目标产物占反应物总量的百分比。即

原子利用率＝（预期产物的分子量/全部生成物的分子量总和）×100%。

近年来，开发原子经济性反应已成为绿色化学研究的热点之一，如1997年BCH公司开发了一种合成布洛芬的新工艺（布洛芬是一种广泛使用的非类固醇类的镇静、止痛药物），传统生产工艺包括6步化学计量反应，原子的有效利用率低于40%，新工艺采用3步催化反应，原子的有效利用率达80%，如果再考虑副产物乙酸的回收利用，则原子利用率达到99%。

中国科学院过程工程研究所开发成功的绿色铬化工清洁生产技术集成，以亚熔盐拟均相高效清洁反应过程取代传统高温大窑焙烧反应过程，大大提高了铬的回收率，首次实现了铬化工行业从源头控制污染的零排放清洁生产。

资料来源：Trost BM. 1991. The atom economy: a search for synthetic efficiency. Science, 254: 1471
王福安，任保增. 2002. 绿色过程工程引论. 北京：化学工业出版社

矿 产 资 源

矿产资源法实施细则规定矿产资源是指由地质作用形成的，具有利用价值的，呈固态、液态、气态的自然资源。矿产资源法实施细则列出了我国已发现的矿产资源分类细目，共有能源矿产、金属矿产、非金属矿产和水气矿产四类168种，其中地下水具有矿产资源和水资源双重性质。矿产资源既包括在当前的技术经济条件下可以开发利用的物质，又包括在未来的条件下具有潜在价值的物质。矿产资源与生物资源的区别是

其再生的速度很慢或不能再生，因而珍惜和保护矿产资源更为重要。

（二）二次资源的循环利用与静脉产业

传统资源加工技术仅获得原材料的20%～30%组分，其余70%～80%全部以废弃物的形式排放到环境中，随着原生资源的日益短缺，人们开始从废弃物中提取有用资源进行二次利用，因此生产过程所排放的废渣、废气等工业废弃物与社会消费过程所产生的社会废弃物成为有用的二次资源，包括大宗工业固体废弃物、电子废弃物、城市生活垃圾、废旧机械等。二次资源再利用将成为未来重要的资源来源。目前，中国二次资源利用产业发展迅速，产值已经达到4000亿元，并以30%的速度快速增长。但目前二次资源的利用技术仍存在技术复杂、资源回收率低、二次环境污染严重、经济效益差等问题。在未来20～50年内，要解决二次资源复杂体系资源化、再利用过程的环境效应，突破废物资源循环利用的全生命周期评价方法和产品生态设计理论，建立环境友好的废弃资源有用组分深度回收与综合利用新技术体系，形成“动脉–静脉”相结合的可持续制造与消费系统。

动脉产业、静脉产业

根据物质流动的方向，将承担资源–产品–消费过程的产业称为动脉产业；静脉产业（资源再生利用产业）是以保障环境安全为前提，以节约资源、保护环境为目的，运用先进的技术，将生产和消费过程中产生的废物转化为可重新利用的资源和产品，实现各类废物的再利用和资源化的产业，包括废物转化为再生资源及将再生资源加工为产品两个过程。循环经济是由动脉产业和静脉产业组成的一个完整的物质流体系。

资料来源：国家环境保护总局. 2006.静脉产业类生态工业园区标准（试行），HJ/T275-2006
周宏春等. 2008. 循环经济学. 北京：中国发展出版社

近中期要在如下技术上取得突破：①在氧化铝赤泥、钢铁渣、锌浸渣、含锌烟尘等大宗难处理工业废弃物的多金属短程分离、多组分综合利用与环境控制技术方面取得突破并形成产业；②在线路板等电子废弃物，废钢、废铜等拆借废弃物中金属、非金属多组分深度分离与循环利用的清洁技术方面取得突破并形成产业；③针对工业废气、电石尾气、焦炉气等大宗含碳工业废气，建立有价值组分低成本回收、高价值转化与生态产业链接技术并形成多行业耦合模式；④针对废弃生物质、社会废旧塑料、城市生活污泥等，建立碳、氮、氯、硫、磷等多资源分级提取与高价值利用技术并进行跨产业集成。

（三）可再生替代资源的高效利用与循环型社会工程

随着常规的矿产资源日益枯竭，开发新一代可再生替代资源已经成为全球可持续发展的重要保证，如可再生能源、生物质资源、二氧化碳资源等。但生物质、二氧化碳等新资源实现大规模高价值循环利用还需要技术创新的支撑与引领。预计2030～2050年，中国将实现可再生替代资源的大规模高效清洁利用，初步进入物质循环型社会。技术前沿与突破重点在于：①天然可再生资源的清洁利用技术。近期造纸、制革、纺织、发酵等生物质利用传统重污染行业的清洁化提升已经成为清洁工艺与循环经济研发重点，需要通过关键技术的创新，来大幅度削减污染物总量，如研发替代强酸强碱介质的天然纤维素高值化利用清洁工艺；中长期将突破生物质新介质、新催化高效转化技术，实现天然可再生资源的高效生物炼制与产品高值化转化。②二氧化碳等低价碳资源的资源化转化与逆碳制造技术。近期二氧化碳减排与资源化转化主要研究热点在于实现二氧化碳中碳氧资源的低能耗同步利用，包括电厂烟气二氧化碳与煤田气甲烷的大规模同步利用技术，以二氧化碳为原料合成大宗有机化工产品的清洁工艺与工程研究，固体废弃物碳酸化固定二氧化碳的资源化利用技术与系统集成等；中长期将重点发展利用太阳能、核能从大气中直接捕获超低浓度二氧化碳，进一步转化为碳氢燃料及化合物的逆碳循环技术。

（四）生产、消费与自然生态系统相和谐的区域循环经济系统集成

循环经济技术的发展目标是逐步建立资源高效、清洁、循环利用的循环型社会，实现工业生产、社会消费过程与自然生态系统的高度和谐。要在区域大尺度上研究资源循环利用过程中元素代谢与物质外循环运行机制及产业共生的链接技术，建立资源利用的物质流程、能量流程、信息流程的整体优化集成方法和评价体系，在跨企业的大系统尺度范围内实现物质流、能量流和信息流的衔接，提高系统的资源、能源利用效率，为建立资源综合循环利用提供技术支撑与示范。

近期要突破高能耗、重污染行业密集区域与中国特色资源加工区域的循环经济构建技术与模式，支撑区域可持续发展。中长期要研发基于环境经济多目标优化和产品生命周期的生态产业链设计与评价方法，建立资源加工领域交叉更加宽泛、区域尺度更大的循环经济区域模式，并建立清洁生产与循环经济的科学量化评价方法和国家技术标准体系，为最终构建物质循环利用的循环型社会提供科技支撑与引领。

该领域的科技发展路线图、主要科学问题和关键技术见图7-7和表7-6。

工业生态、产品生命周期与产品生态设计

工业生态运用产业代谢和物质流分析的方法来研究工业生态系统代谢的机理和控制方法，要求在产品的原材料采掘、生产、制造、使用以及产品用后处理的整个生命周期内不应对环境和生态系统造成危害。20世纪80年代末美国环境生态学家R. A. Frosch模拟生物代谢过程，首次提出“工业代谢”概念。2000年，国际工业生态学协会成立，自2001年起每两年召开一次国际性大会，旨在寻求解决复杂生态问题的创新方法。20世纪90年代以来，生态工业园区作为工业生态学的重要实践领

域开始大力发展起来，成为世界工业园区发展领域的主题，典型的生态工业园区是丹麦卡伦堡生态工业园。

产品生命周期指由原料采集和处理，产品生产、运输、销售、使用、维修、再循环和最终处置等环节组成的产品生命链。产品生命周期评价(LCA)是对一个产品系统的生命周期中的输入、输出及潜在环境影响进行的综合评价。LCA起源于20世纪60年代末到70年代初美国开展的一系列针对包装品的分析、评价。其标志为1969年美国可口可乐公司对饮料包装瓶的环境影响分析评价。80年代初，随着环境问题的日益严重，LCA逐渐发展活跃起来。

产品生态设计是指借助产品生命周期中与产品相关的技术信息、环境协调性信息、经济信息，运用并行设计等先进理论的一种系统设计方法，能够使产品具有先进的技术性、良好的环境协调性以及合理的经济性。

资料来源：Graedel T E, Allenby B R. Industrial Ecology (second edition). NJ: Prentice Hall
Brezet H, van Hemel C. 1997. EcoDesign: A Promising Approach to Sustainable Production and Consumption. UNEP, France

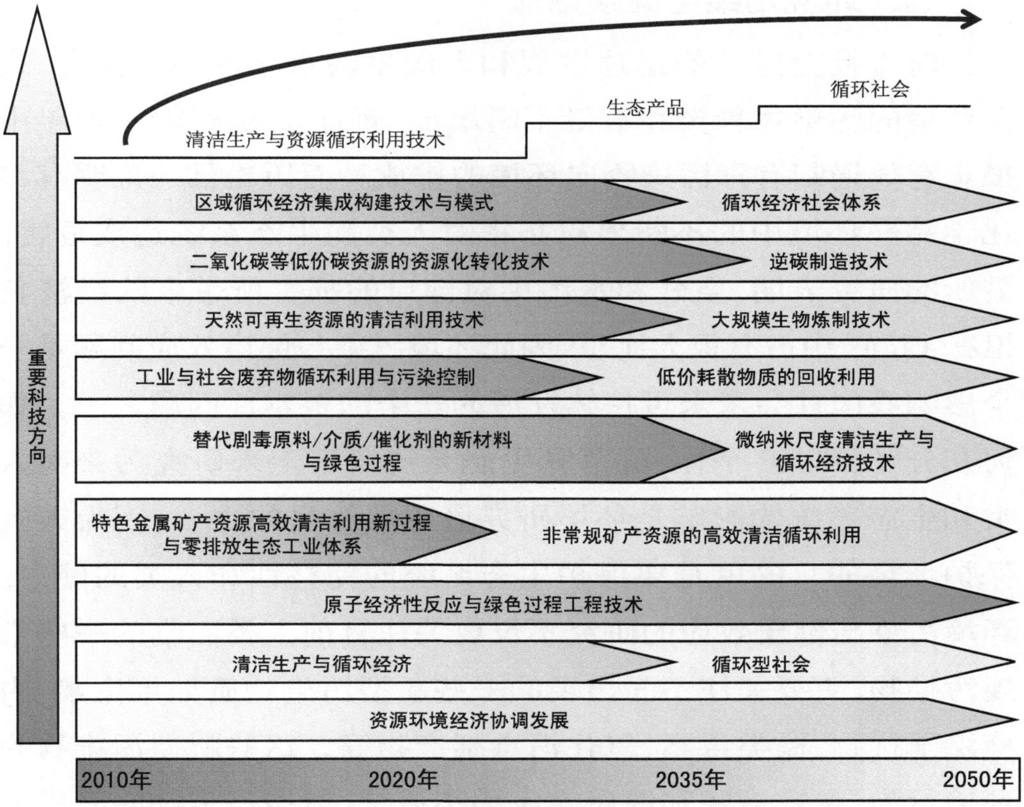

图7-7　清洁生产与循环经济领域科技发展路线图

表7-6 清洁生产与循环经济领域的主要科学问题和关键技术

主要目标	科技领域	主要科学问题和关键技术
污染源头控制与清洁生产	环境科学与绿色过程工程	矿产、化石资源加工转化的原子经济性反应过程的设计与实现。原子经济性–高选择性反应的研究开发处于清洁生产技术的核心地位，是实现过程工业废物“零排放”的重要途径。在基本有机合成、化工中已取得应用范例，并在使用无毒无害原料、溶剂、催化剂于石油化工取得工程进展，在矿产资源清洁生产技术方面取得原创性的研究成果，目前借助于生物技术、纳米技术等新技术的进展正在孕育新的突破 资源高效、清洁、循环利用的绿色过程工程创新。包括采用离子液体、超临界流体、新型高效催化材料等提高资源的转化效率；通过微型反应器、外场强化反应器、反应分离耦合等过程强化设备与方法的创制提高过程效率
资源循环利用	环境科学与工业生态	替代资源的高效循环利用。包括非常规资源(海洋、极端条件等)、二次资源、生物质资源、二氧化碳等低碳资源的高效循环利用；产品生态化设计与绿色回收；“动脉–静脉”相结合的可持续制造系统和生态供应链等 多过程物质流–能量流–信息流的环境–经济综合优化与系统集成方法，生产–消费–自然大系统生态构建理论与技术。包括建立环境–经济多目标综合评价指标体系，基于产品生命周期分析的评价方法，多系统间元素代谢链和代谢网的复杂性分析与自进化设计等

七、环境污染与健康效应

随着社会经济的迅速发展和人民生活水平的不断提高，进入环境的污染物种类和数量不断增加，而且在未来40～50年中很难有效遏制有毒污染物向环境的排放。而历史已经证明有毒化学品在环境中的不断累积必将对人类和生态系统造成危害。最新的研究表明，空气和水污染对健康的损害所带来的经济负担在 GDP 中占有很大比重，因此环境污染与健康效应问题是一个影响我国社会未来可持续发展的一个的根本性问题之一。如何在分子、细胞、个体、群落和生态系统水平上来研究污染对人类和生态系统的影响是环境研究最重要的目的之一，因为人类保护环境的目的就是要保护生态系统的完整性和人类的健康。环境污染与健康效应的研究不仅要关注目前人类面临的一些常规污染物，更要关注不断出现的一些新型污染物质如抗生素、内分泌干扰物、藻类毒素、氧化消毒副产物等。这些新型污染物的环境行为、暴露途径和健康效应均不清楚，新型污染物的积累可能会对生态系统和人体健康带来的更大的风险和更久远、更难以预料的潜在影响。

如果没有系统的环境污染致毒机理和诊断技术来更好地解析污染的健康效应问题，那么我们就不知道要控制哪些污染物，在哪个环节控制，也无法发展有效的污染控制技术，以及发展有效管理策略来削减这些效应。因此，环境污染与健康效应领域的研究内容主要包括：

（一）有毒污染物的致毒机理

以典型模型动物或细胞系为对象，采用基因组学和蛋白组学等技术研究有毒污染物的毒作用机制，在基因、细胞和个体水平上揭示典型污染物和生物相互作用的位点及其作用方式。采用代谢组学等手段研究污染物在生物体内的迁移转化等代谢途径及其在生物不同组织中的滞留机制，解析有毒污染物对生物代谢过程影响机理和调控途径。在系统分析有毒污染物的毒作用机制的同时，关注不同类型有毒污染物共存时的毒性效应，揭示混合污染物相互作用的协同或拮抗作用模式和机理，定量表征混合污染物的联合毒性效应。

（二）环境污染生态效应的评价与预报技术

针对主要生态系统开展不同生物受体特别是关键物种的敏感性筛选，确定具有生态关联性的物种(ecologically relevant species)为主要研究对象。针对典型物种，在分子和细胞水平上研究环境污染的致毒机理，在个体水平上认知环境污染的效应。同时和健康效应的研究一样，系统开展混合污染的毒理效应和联合毒作用机制。在个体水平研究的基础上，通过构建模型生态系统，开展有毒污染物对生物体间相互作用的模式及其机理，并以模型生态系统机理研究为基础，建立群落生态毒理学的数学模型。在实验室模拟研究的基础上针对一些长期污染物开展定点长期监测，进一步研究混合污染的生态效应以及群落生态毒理学机制，不断完善基于群落毒理学和混合污染毒理学的生态毒理学数学模型。最终通过整合污染效应、污染物排放和污染物环境行为等开展系统的模型分析，对有毒污染物的效应进行预报与预测。

（三）快速诊断技术

环境中污染物的毒性效应决定于污染物本身的毒性及其与环境组分相互作用的机制(即环境中污染物的有效浓度)，因此，环境污染效应的快速诊断技术首先需要研究环境样品中污染物存在状态的原位表征技术、环境采样技术、样品前处理技术与快速分析技术。此外，环境中有毒污染物成千上万，无法采用各类生物体一一进行毒理学试验，因此必须在研究不同类型污染物与细胞相互作用的模式和作用位点的基础上分类别、分阶段建立污染效应的离体测试技术。将离体生物测试技术和化学分析技术有效整合，形成环境污染物快速识别的技术体系。在研究和发展毒性识别技术体系的基础上，建立有毒污染物快速及在线诊断技术，形成具有自主知识产权的环境污染物自动识别系统，并通过产业化促进环境污染物自动识别系统在环境与健康研究和环境管理中发挥作用。

（四）国家环境毒物筛选共享平台

中国生态环境的区域差异大，污染种类繁多，如果没有一个标准化的毒物筛选平台就无法在国家层面上来协调环境与健康研究和管理工作。建立这样一个国家的共享平台首先需要建立具有中国意义的典型污染物的活体测试体系，通过整合毒性识别技术、离体测试技术和在线技术的环境样品毒物筛查技术平台，然后通过系统分析典型毒物的离体毒性，并采用活体生物实验的毒性效应分析，构建针对典型污染物的离体与活体测试的转化模式，在此基础上建立计算毒理学研究方法体系，形成中国化学品计算毒理学平台与国家毒理学数据库。在上述研究与技术研发的基础上形成中国环境样品毒物筛查技术体系和技术平台。

（五）环境疾病预测预报技术

通过系统定量不同区域人群通过大气、水和食物等暴露途径的各类污染物健康风险，形成中国区域人群的环境污染暴露框架和暴露量。通过采用特定生物标志物和人群污染负荷分析，发展适合中国特点的环境流行病学研究方法体系和区域人群环境流行病学数据库。结合建立的暴露框架和流行病学数据，定量地分析污染物暴露和人体健康的定量关系，形成中国环境污染与健康效应的评价模型，通过结合现代信息技术形成环境疾病预测预报技术体系。

该领域的科技发展路线图、主要科学问题和关键技术见图7-8和表7-7。

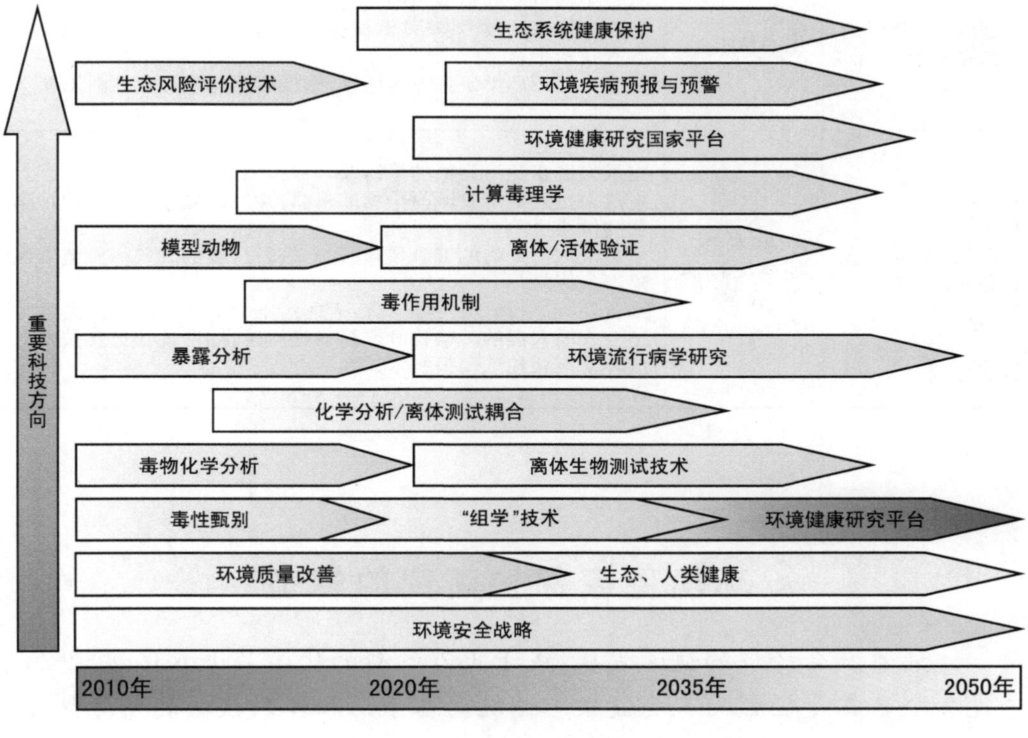

图7-8　环境污染与健康效应领域科技发展路线图

表7-7　环境污染与健康领域的主要科学问题和关键技术

主要目标	科技领域	主要科学问题和关键技术
有毒污染物的致毒机理	环境毒理学	采用基因组学和蛋白组学等技术揭示有毒污染物的毒作用机制 采用代谢组学等手段解析有毒污染物对生物代谢过程影响的机理和调控途径 解析混合污染的毒作用机制及其毒性效应的表征

表7-7（续）

主要目标	科技领域	主要科学问题和关键技术
生态效应评价与预报技术	环境科学、生态学	采用功能基因组学的手段揭示有毒污染物生态毒理学机制 基于生态复杂性的群落毒理学机制，解析环境污染对生态系统的长期影响 有毒污染物的生态效应预报与预测技术
快速诊断技术体系	环境科学、生物技术	环境样品中污染物的化学表征技术 基于毒作用机制的离体测试技术 结合化学表征和离体生物测试的毒性识别技术体系 基于毒性识别技术体系的有毒污染物快速及在线诊断技术
国家毒物筛选共享平台	动物学、生物技术、生物信息学	具有中国意义的典型污染物的活体测试体系 整合毒性识别技术、离体测试技术和再现技术的环境样品毒物筛查技术平台 建立计算毒理学研究方法体系，形成我国化学品毒性数据库
环境疾病的预测与预报	环境科学、环境流行病学、数学	定量人群水源污染物的暴露及其健康风险 定量解析人群对食源污染物的暴露，建立区域尺度的食源污染物的健康风险 定量大气污染物的健康风险，建立区域尺度的大气污染健康风险评价体系 解析环境流行病与污染暴露、人体污染负荷之间的定量关系 适合我国人群的污染物的暴露科学体系，结合现代信息技术形成环境疾病预测预报技术体系

环境健康保护研究的转型

随着社会经济的快速发展，成千上万的新的化学品进入环境，并通过各个暴露途径影响人类健康。传统的基于动物体内试验的研究显然跟不上日益增多的化学品，此外这种依赖高等动物的体内试验通常耗时，并受许多管理条例的制约，因此，2008年美国国家人类基因组研究所所长Collins等在《科学》上指出我们需要从过去主要依赖于动物体内试验向体外试验，低等生物体外试验和计算毒理学研究过渡。

资料来源：Collins F S, Gray G M, Bucher J R. 2008. Transforming environmental health protection. Science, 319: 906–907

21世纪的美国国家毒理学计划——战略目标的发展路线图

NTP (National Toxicology Program) 是一个研究与应用现代毒理学和分子生物学工具来评价有关公共健康卫生、化学物质安全的国家毒理学计划，成立于1978年，在改进评价化学物理暴露对人体健康潜在效应方面进行复杂的毒理测试研究，解决了许多复杂的跨学科关键科学问题，目前在提供和改进化学物质潜在安全方面已成为世界级的领导机构。

一、美国国家毒理学计划面对的挑战

通过传统的毒性测试方法，美国国家毒理学计划设计和进行了许多动物实验，但传统毒性测试方法常需要使用大批量的实验动物且测试周期长。目前商业中大约有8万余种化学物质在使用，但只有很少量物质经过完整的毒性测试评价，而且每年新合成的化学物质正在不断涌现，其中美国环保局每年接受到超过2300种物质合成的申请。一方面，关于化学物质的人体暴露安全性还缺乏科学数据；另一方面，环境暴露的复杂性与不同年龄段风险影响等评价时的不确定性也使得美国国家毒理学计划、卫生部门与研究机构在解释毒性效应时必须面对巨大的挑战。

在过去的20年，科学家研究了物质毒性效应的细胞与分子机理，虽然这些机理能更好的解释毒性效应，耦合实验室研究与人群风险的暴露效应以及鉴别生物标志物，但并没有取代传统的毒性测试评价方法。因此，美国国家毒理学计划预备加强毒性机理的研究并在毒性评价中融合更多的机理方法，以便在公众健康的决策时提供更多的评价方法与更系统的毒性评价。

二、美国国家毒理学计划关于环境健康保障的转变

美国国家研究委员会资助美国环保局与国家毒理学计划制订关于毒性测试的长远战略目标以及实现这一长远目标的战略计划。2004年，美国国家毒理学计划公布了21世纪战略目标与发展路线图，其标志是创新性的将高通量筛选与其他自动筛选分析结合于毒性测试方法。2005年，美国环保局建立了国家计算毒理研究中心。通过这些创新活动，美国国家毒理学计划、环保局与国家健康科学研究院的化学–基因研究中心制订出21世纪的战略发展目标，即推动毒理学从主要是基于体内疾病特征模型的观察性科学向主要是基于机理的体外生物目标特征观察的预测性科学转变。

三、美国美国国家毒理学计划21世纪战略目标的实行途径

1．高通量方法

美国国家毒理学计划下一个10年将利用最新的生理、生化与分子学知识，研究高通量方法并预测环境事故的毒性效应，确认只有通过创新性地应用基于毒性机理的评价工具，才能为公众健康的决策者提供大量必需的科学信息并减轻环境疾病的负担。

体内和体外试验常被用来作为暴露于化学物质后细胞反应的鉴别工具，以得到毒性反应效果。目前美国环保局、国家毒理学计划与国家健康科学研究院的化学–基因研究中心正在研究新的高通量方法，即能测试范围在5nmol～100μmol，且能产生浓度－效应曲线。这一方法能多次重复，与传统的分析方法相比，具有很好的重显性。开发的信息平台能够对高通量鉴别的结果进行对比，这一对比可扩展到美国国家毒理学计划与环保局之前的历史数据，且所有收集的高通量数据都可以通过网络获取。

2．化学物质的毒性研究和测试

目前，国家健康科学研究院的化学–基因研究中心正在对美国国家毒理学计划与环保局的超过2800种化合物进行50余种细胞与生化分析，研究结果显示，1408种美国国家毒理学计划的化合物能够对人类和13种鼠类动物产生细胞毒性。一些化合物对所有的种群细胞能产生毒性，而另外一些则具有选择性。这表明基于滴定的高通量鉴别分析能对上千种物质产生高质量的体外毒性数据，同时表明选择合适细胞类型和分析终点的复杂性。

另外一种鉴别毒性途径的方法是探索动物和人类对已知毒物的反应多样性。美国国家健康科学研究院的化学–基因研究中心正在评价人类细胞对由美国国家毒理学计划与环保局提供的2800种化合物的不同敏感性。相似的是，美国国家毒理学计划已经建立了测试方法，用不同的老鼠对疾病反应的不同差异。美国国家健康科学研究院的化学–基因研究中心也将通过动物细胞对化合物的不同敏感性进行评价。这些收集的数据结果被用来研究生物活性能力，可用来预测观察到的标准毒性测试类型以鉴别导致毒性效果的生物途径，其最终的目的是建立老鼠和人类体内毒性试验体外信号的关系。此外，正在研究计算方法以便了解暴露的生物学结果和模拟特定器官对暴露的生物反应。

3．从哺乳动物的体内测试向体外非哺乳动物的转化

在过去的20年，美国国家毒理学计划对个体案例和生物评价的终点数量，尤其是两年期老鼠癌症研究的慢性暴露，扩大了评价幅度。发展路线图实现的开始阶段将涉及对所有分析方法的评价，以分析其预

测能力和确定这些研究的模式是否要改变。这些评论包括野生种群类型的选择、模式的修改、暴露时的生命阶段、足够的反应终点，以获得最好利用科学决策目标的其他终点。

时限：在12个月内，美国国家毒理学计划将制订战略，即设计目前研究且能日常操作的反应终点的目标基因分析。这一分析的目标是为特定化学物质毒理信息的改进理解和高通量分析的机理目标提供最优选择与机理信息，这一研究结果也可应用于其他化学物质的机理分析。这些分析的关键要素包括鉴别目标基因和基因产物、平台的选择、国家环境卫生研究中心——国家毒理基因研究中心和美国国家毒理学计划成员间的数据库和分析结果的连接等。

时限：在18个月内，美国国家毒理学计划将对近两年老鼠生物测试试验的设计进行检查；3年内，将评论癌症研究（包括发育毒理、免疫毒理、神经毒理等）的设计以确保产生的数据能鉴别目前极为关注的人体健康效应的案例。美国国家毒理学计划的战略目标是研究暴露动物各阶段的代谢与促进应用基因和蛋白质的表达技术，这有助于描述物质的毒性特征与理解毒物导致疾病发生和恶化的机理，识别出暴露于毒性物质的有用的疾病生物标记。

时限：在美国国家毒理学计划两年的老鼠癌症研究中，一个急迫的目标是从毒理切片中日常抓取数字图像，以及发展从图像分析中得到损伤和肿瘤的系统评价的技术。长期的目标是为现在和过去的美国国家毒理学计划研究提供数字图像档案。最后，从组织切片、死亡生物体和活体动物中获得图像的工具将在最后5年得到显著的改善。美国国家毒理学计划将尽早的应用这些技术于生物分析，以改进毒性评论的速度和精度，使评论的模式发生变化以及组织切片中包括二维和三维的测算。这些图像工具能显著改变美国国家毒理学计划研究的统计效能和减少给定分析所需要的动物数量。

时限：美国国家毒理学计划将成立一个工作小组，在下一个3年探索一种有效的非哺乳动物模型，同时继续探索非哺乳动物的体内试验分析作为毒性测试的替代模型。目前美国国家毒理学计划的"秀丽新杆线虫"项目将在下一个3年内完成。这一项目的目的是将"秀丽新杆线虫"作为发育、神经和行为毒理的有效分析工具。如果"秀丽新杆线虫"对特定试剂在神经和行为毒理中有充分的敏感性，美国国家毒理学计划将对这一项目扩展，应用于更多的化学物质。这一项目完成后，美国国家毒理学计划将评价其他非哺乳动物物种的其他毒性终点作为潜在的高通量分析方法。

资料来源：National Institutes of Health, National Institute of Environmental Sciences. 2004. A National Toxicology Program for the 21st Century

八、先进监测与预报技术

生态与环境的研究离不开先进的监测技术，监测技术可以针对物理、化学和生物学等不同过程，加强现代采样、制样技术和现代环境监测分析技术研究，重点加强环境传感器、超痕量监测分析技术、在线监测技术、形态分析技术、源解析技术研究；同时，可以在分子、细胞、个体、群落、生态系统、区域乃至全球尺度上开展监测，而且在时间序列上也有在线、长期定位、即时传送等不同要求，以实现尺度转换、技术的系统整合与组装，并在此基础上开展环境监测网优化调整研究。生态与环境的研究不仅需要阐明过去和现在的过程，同时还需要通过对这些研究来认识规律，开展环境过程的系统模拟与仿真技术、污染事故应急监测设备和预警预报技术的应用研究。主要发展方向包括：

（一）先进的化学和生物传感器及其在线环境监测技术的研发与集成应用

生态与环境研究不仅正在由短期观测向长期定位观测研究转变，而且分子生物学技术正在越来越多地渗透到生态与环境的研究中，即从污染物排放的生态与环境效应向污染物对健康的微观影响发展。这无疑对环境监测技术提出了更高的要求，即需要对各类环境因素和污染物进行实时连续在线监测，从而推动传感技术向嵌入式、集成化、自动化、智能化和网络化方向发展。研究工作的重点包括：①加强高新技术如纳米技术、超分子化学、表面自组装和基因技术在传感器表面敏感层修饰中的应用；②传感器的微型化和微电子机械系统技术在微型传感器件及集成系统加工中的作用；③环境嵌入式传感器、多探头集成系统的研究开发；④基于仿生技术的化学–生物传感器的研究开发；⑤测试数据远程无线传输技术的开发研究。

（二）无线数据传输–终端处理–模型（模拟耦合系统）的构建，形成污染预警、预报技术

无线数据传输–终端处理–模型（模拟耦合系统）构建，形成污染预警、预报技术，是提升中国环境保护技术水平、推进环境

友好型社会建设的迫切要求。研究工作的重点包括：①开发包括传感器、模拟模型、信息处理等技术为核心的预警技术系统，构建重大环境污染事件预警技术平台；②研发多尺度、多介质、可视化、动态的环境风险场模拟系统；③建立环境污染事件快速检测技术的功能材料信息数据库，研发环境污染事件特征污染物现场快速检测方法、关键技术和装置，建立特征污染物现场快速检测系统。

（三）地空观测技术与数字地球

地面观测与卫星遥感技术相结合，是实现对区域的生态与环境变化动态监测、科学评估和预测的必然选择，也是数字地球系统开发、获取多源海量科学数据的主体渠道。打破条块分割、行业壁垒，建立中国真正意义的地理信息系统–地面观测系统–卫星遥感观测系统高度整合的地球表层地理、生态与环境要素的区域分布和动态变化数据的获取及共享体系，是中国当前必须解决的重大问题。研究工作的重点包括：①地球表层的地理、生态和环境要素动态监测系统设计与先进技术的综合利用；②多元、分布式、海量数据的融合集成与管理技术；③陆地表层过程模型与分析应用软件，试验数据、观测数据、遥感影像和空间数据库的集成技术。

（四）环境过程的系统模拟与仿真技术

综合运用现代环境监测分析技术、数学模型工具和计算机技术进行环境过程的系统模拟与仿真，是认识区域生态与环境变化过程及其机理的重要工具，也是环境质量预警、预报的科学基础。其研究工作的重点包括：①多介质环境要素界面过程的先进监测技术集成与应用；②基于环境过程模型的仿真技术系统的开发；③基于地空观测技术与数字地球系统的生态与环境变化过程的系统模拟与仿真技术。

该领域的科技发展路线图、主要科学问题和关键技术见图7-9和表7-8。

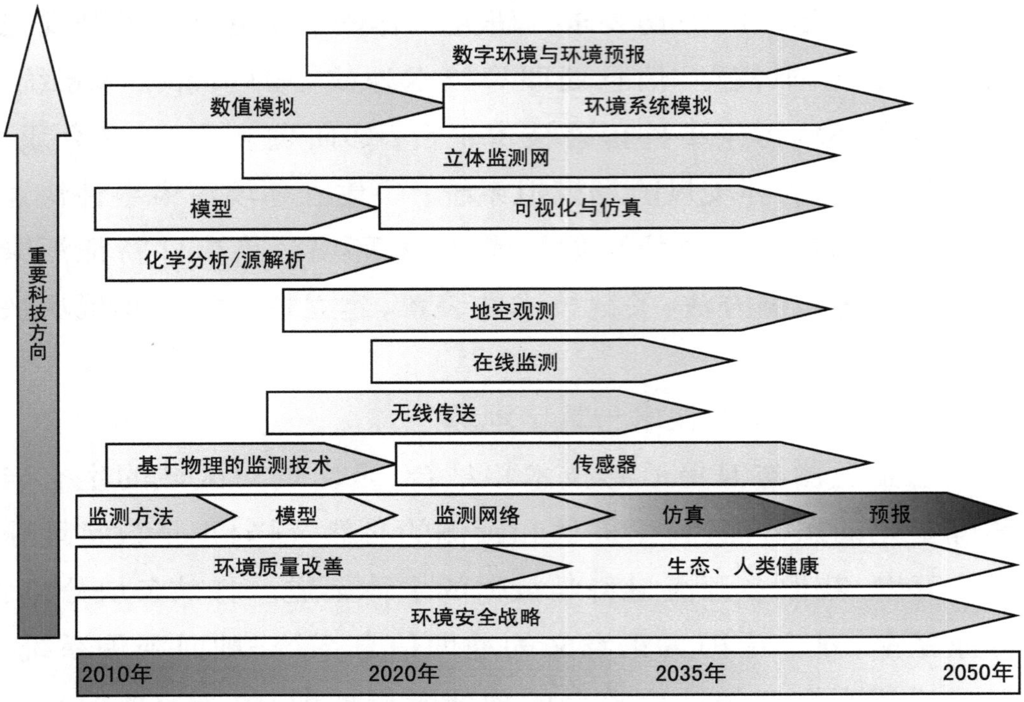

图7-9　先进监测与预报技术领域科技发展路线图

表7-8　先进监测与预报技术领域的主要科学问题和关键技术

主要目标	科技领域	主要科学问题和关键技术
环境传感器	环境科学、分析化学	针对水、土、气三种环境介质和生态系统功能的先进化学和生物传感器的研制与使用
在线监测技术	环境科学物理学、信息技术	基于物理学的在线环境监测技术及其设备研制
环境监测网	环境科学、信息科学	在分子、细胞、个体、群落、生态系统、区域乃至全球尺度上开展监测，而且在时间序列上也有在线、长期定位、即时传送等不同要求，开展环境监测网优化调整研究
污染预警、预报技术	环境科学、信息技术	无线数据传输–终端处理–模型/模拟耦合系统的构建，形成污染预警、预报技术
地空观测技术与数字地球	地球科学、信息技术	建立和完善天基和地基相结合的(星、机、地一体化的)地球系统与生态环境监测技术方法体系，解决资源与环境监测时间空间精度、标准确定、多源数据融合与集成、关键参数精确反演等关键技术

美国嵌入式传感网络研究概况

嵌入式传感网络(embedded networked sensing, ENS)系统是大量分布在物理世界中的智能传感器与制动器(actuator)的集合。它能够使环境监测在时间和空间上密集化,从而更为贴近地对现象进行观察。它还能够揭示先前无法观察的现象,使得人们可以更好地理解和管理复杂的自然环境。ENS需要使用无线、无需照看的长期系统,在数据源即传感器附近对数据进行处理,过滤无用数据,从而减少通信的能量消耗。ENS还需要自配置(self-configuring)系统来适应不可预测的环境,也需要网络内的协作式信号处理以实现分布式控制。

嵌入式传感网络中心(centre for embedded networked sensing, CENS)是美国NSF于2002年资助建立的六个科技中心之一,它是一个跨学科的团体,包括来自加州大学洛杉矶分校、南加州大学、加州大学河边分校、加州理工学院、加州大学莫斯德分校和加州州立大学洛杉矶分校多个学科领域的数百名教师、工程师、研究生以及本科生。其目标是研发ENS系统,并将其应用于重要的科学研究和社会应用之中。

CENS目前开展的ENS应用研究主要有以下五个方面,即陆地生态系统观测、污染物迁移监测与管理、水生微生物观测、地震以及城市传感。这里简单介绍其在生态环境领域应用的三个方面。

一、陆地生态系统观测(TEOS)

主要任务是设计、研发、部署、评价和维护嵌入式传感网络系统,以对各种陆地生态系统的环境、生理和生态变量进行持续的原位监测。目前已在James保护区野外观测站成功部署了多种传感系统、摄像头和平台,该保护区为美国生态观测网(NEON)提供了原型部署和测试的基地。该研究组目前越来越多地集中在对生态系统过程的多尺度、多模式观测方法上。随着数字摄像头集成度和稳定性的提高,以及图像分析技术的日渐成熟,使用摄像头作为生物传感器被提到了日程。该研究组也采用低廉的消费级摄像头和与Internet相连的Webcam网络摄像头进行定量的生态研究。该研究组的研究包括五个领域:

(1)动物观测摄像系统。研发基于摄像头的动物观测系统,以进行鸟类行为和爬虫调查研究。所需要的关键技术是提高数据获取频率和研发对鸟类行为进行实时自动分类的图像处理软件包。主要工作是部署Cyclops摄像系统并使之满足科研需要。目前在UCNRS站安装的野生动物观测摄像头和JR安装的两个塔式摄像头已经在自动收集和记录猛禽巢穴位置和大角羊活动,并连续可靠的提供和上传影像。

(2)植物观测摄像系统。经过云台控制部署在James保护区固定塔上的高分辨率数字摄像头已经作为物候变化和生理状态方面的生物传感器参与了多项应用研究。开花长叶的时间很容易使用快速获取的数字影像确定。对可见光影像树叶绿度和景观的分析提供物候条件、叶面积变化和光合作用的测度。木本和草本植物的每日影像可以探测花叶变化时间。蕨类叶子变化影像与仪器监测的太阳辐射和光合碳同化数据结合,提供了理解气孔对光环境动态变化响应的新方法。目前在使用Moss-CAM数字摄像机研究星状苔藓光合响应的季节变化模式。

(3)自动微根区管与根围传感系统(AMARSS)。通过建模研究地上的微气候和土壤能量平衡测度与地下的土壤环境测度之间的关系,从而考察土壤的时空各向异性。James 自然保护区的土壤环境测量工作已经一直在收集高分辨率土壤时空数据,在林下叶层中一个80m的横截面上布置了10个监测站,每个站点通过传感器组对地上地下分别进行监测,地上采用移动NIMS监测气温、相对湿度、PAR等指标,地下则采用AMARSS测量温度、水分、二氧化碳等土壤环境指标。

(4)环境传感和影像获取基础设施系统。环境传感系统是无线传感器网络的关键组成部分。后者提供端到端、传感器到用户的服务功能。运行5点年多后,该研究使用基于环境传感系统的CMS2代替CMS运行。

(5)手持数据收集系统(Eco-PDA)。通过对更大的空间覆盖面和更高的人为观测能力的支持,作为嵌入式传感系统的补充。

二、污染物迁移监测与管理

致力于研发支持不同尺度下物质和能量分布与通量监测的ENS技术,研究对象包括土壤、地下水和滨水系统。2006～2007年起,研究重点从实验室和小尺度试验转向有意义的时空尺度下的真实环境,并在过去的12个月完成了13次野外部署。涉及领域包括地下水水质、河流与城市河道观测等。

(1)地下水水质。2006年春季在Palmdale农业实验站使用土壤塔进行了大尺度试验,主要是应用土壤传感器塔(Soil Pylon)测量土壤温度、湿度以及一些感兴趣的化学物质,例如硝酸盐;通过压强和化学标枪(Javelin)监测地下水的水位动态、化学物质浓度等。

土壤塔是一种垂直分布放在土壤中的一维传感器阵列,用来测量土壤湿度、能量流以及感兴趣的化学物质的通量,从而刻画地下系统的物质和能量流。土壤塔的传感器阵列包括湿度传感器、温度传感器和一系列测量pH值和特种离子(如NO_3^-)浓度的水质传感器。

压强标枪(pressure javelin)由大约长度2.75m、口径1.25inch的PVC管构成，底部开缝以使水能够进入，并且安装了压强转换器(transducer)以测量管内水位。化学标枪(chemical javelin)与压强标枪类似，但配备的是离子选择电极以对NO_3^-和NH_4^+进行探测。

(2)河流与城市河道观测。在一个主要河流断面部署多尺度ENS，在70m宽的跨度上安装NIMS，使用各类传感器对河流断面进行光栅扫描，从而实现断面上的流速、水质等指标的自动测量，包括温度、盐度、溶解氧、氧化还原电位、NO_3^-、NH_4^+。

三、水生微生物观测

通过新型无线传感器网络原位监测水生微生物产生和死亡时间，验证对控制分布、生长和死亡的过程的假设，用以模拟和预测种群动态。经过早期的实验室设计，2005年和2006年在James自然保护区的Fulmor湖构建和部署了分布式传感系统NAMOS，能获取水体大量连续的物理、化学和生物特征信息，并能在重要时间期间对特定地点做密集监测。近期对两个近海生态系统进行了试验。

资料来源：译自CENS网站：http://research.cens.ucla.edu/

无线传感器网络

无线传感器网络是当前国际上备受关注、多学科高度交叉、知识高度集成的热点研究领域。它综合了传感器、嵌入式计算、现代网络及无线通信、分布式信息处理等技术，能够通过各类集成化的微型传感器的协作实时地监测、感知和采集各种环境或监测对象的信息，这些信息通过无线方式被发送，并以自组多跳的网络方式传送到用户终端，从而实现物理世界、计算世界以及人类社会三元世界的连通。无线传感器网络具有十分广阔的应用前景，在军事国防、工农业、城市管理、生物医疗、环境监测、抢险救灾、反恐、危险区域远程控制等许多重要领域都有潜在的应用价值，已经引起了许多国家学术界和工业界的高度重视，被认为是对21世纪产生巨大影响的重要技术之一。

一个典型的无线传感器网络的系统结构包括分布式传感器节点(群)、接收发送器、互联网和用户界面等。其中，无线传感器网络节点的基本组成包括4个基本单元：传感单元(由传感器和模数转换模块组成)、处理单元(包括CPU、存储器、嵌入式操作系统等)、通信单元(由无线通信模块组成)以及电源。此外还可以有选择地配备其他功能单元,例如定位系统、移动系统、电源自供电系统等。在无线传感器网络中,节点可以通过飞机布撒或人工布置等方式,大量部署在被感知对象内部或附近。这些节点通过自组织方式构成无线网络,以协作的方式实时感知、采集和处理网络覆盖区域中的信息,并通过多跳网络将数据经由sink节点(接收发送器)链路将整个区域内的信息传送到远程控制管理中心。反之,远程管理中心也可以对网络节点进行实时控制和操纵。

无线传感器网络节点为一个微型化的嵌入式系统,构成了无线传感器网络的基础层支持平台。目前国内外已经出现了许多种网络节点的设计,它们在实现原理上是相似的,只是分别采用了不同的微处理器或者不同的通信或协议方式,例如自定义协议、802.11协议、Zigbee协议、蓝牙协议以及UWB通信方式等。典型的节点包括Berkeley Motes, Senssoria WINS, Berkeley Piconodes, MIT μAMPs, SmartMesh Dust mote, Intel iMote以及Intel XScale nodes, ICTCAS/HKUST的BUDS等。

无线传感器网络有着巨大的应用前景,建筑在各类传感网络节点平台上的、面向海陆空全方位应用需求的各类研究项目更是层出不穷。比如用于环境监测、气象观测和天气预报、生物群落微观观测、洪灾预警、农田管理、智能家居、智能交通、辐射监测的研究,用于定位的Cricket和Echo,以及用于医疗的SSIM项目等。随着研究的深入和应用的发展,各种无线传感器网络将最终遍布人们的生活环境,从而真正实现"无处不在的计算"。

资料来源:崔莉等. 2005. 无线传感器网络研究进展. 计算机研究与发展, 42(1): 163–174

上述的八大重点领域是紧紧围绕中国至2050年社会经济发展的需求,结合全球生态与环境科技领域的学科发展前沿,并针对中国当前的生态与环境状况设置的。各领域之间相互关联,共同组成了中国未来50年生态与环境科技领域的整体框架,其相互之间的关系见图7-10。

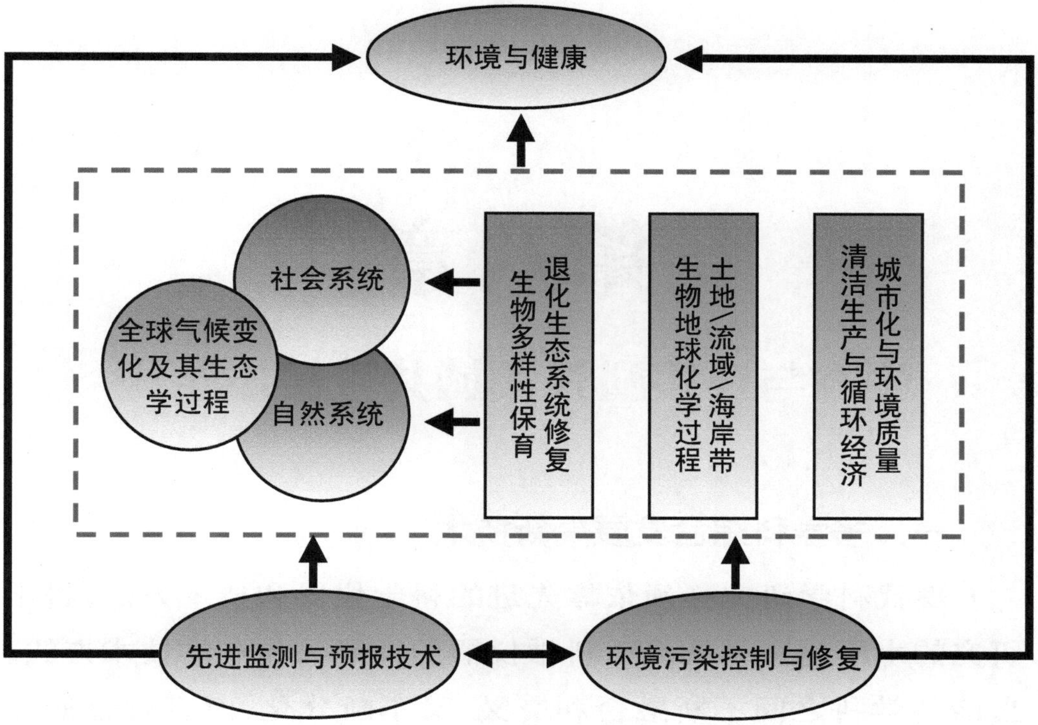

图7-10　八大重点领域的相互关系

第八章

生态与环境科技领域共性技术路线

一、多学科综合发展高新技术

现代科学研究必须依靠先进的科学仪器和技术方法，科学研究的水平越来越依赖于科学仪器的性能和先进的技术方法。当前各学科之间不断融合和交叉，又不断分化，而且融合期提前，速度加快。通过多学科交叉发展高新技术争取在以下方面取得重大突破：基于物理、生物和化学的传感器的研制；先进化学化工和材料科学促进绿色材料和处理技术和系统的发展；先进快速分析技术与污染诊断技术；信息技术和高性能计算技术的综合利用以提升模拟、预测和可视化技术水平。

二、生态与环境监测平台和系统理论

在诸如灌溉、施肥、碳交易、生物多样性以及废弃物管理等问题上，需要清晰而精确的数据为环境管理决策提供依据。精确测定系统动态的能力对于环境管理者应对环境与经济可持续性的双重挑战是至关重要的。构建实时、动态、可视化的生态与环境监测网络不仅能够可持续地管理资源，而且能够在日渐凸显的全球市场中保持竞争优势。需要重点解决的理论与方法如下：发展及部署嵌入式智能传感器网络系统；发展应用于复杂系统研究的新方法和新理论；构建环境与健康研究共性平台；形成不同模型和数据集之间的综合集成能力，发展预报技术。

三、数据整合与系统模拟

定性数据、数据管理和信息系统是合理的环境科研与管理的先决条件。需要改进数据的收集与管理，其中包括数据收集、数据管理、数据易获取性和运用新的数据收集技术。没有数据管理方式的改进，各学科整合以及研究的转移和吸收不可能实现。环境管理者越来越多地从科学家那里寻求关于环境对变化如何响应以及如何对变化进行管理以达到多个目标，这就需要对复杂系统进行模拟，既能传达具有不确定性的预测信息，又能提供有用的决策依据。这些包括：大尺度、长时间序列的环境、社会经济及健康数据的获取；发展一系列用于科学研究的数字模型，认识生态–环境系统的复杂性、难以预测性等；开展大型模拟试验，结合模型最终能够动态揭示和预测复杂系统的整体行为。

第九章

生态与环境科技发展总体路线图

在重视基础理论创新的基础上，以国家战略需求为导向，要从全球视野研究全球变化、我国生态系统的特征，努力构建建设和谐社会的科技支撑体系。通过顶层设计，找准我国生态与环境科技领域的定位，凝练战略重点，制定科技发展路线图；从整体上研究对生态与环境研究的观测、预报、模拟整合、决策、调控等的理论与方法，在空间和时间尺度上进行有机地衔接，为我国的可持续发展奠定基础。通过系统集成，充分发挥我国在生态与环境科技领域的整体优势，满足国家经济和社会发展需求，解决生态与环境领域的复杂科学问题。

一、至2020年的目标

建成相对完善的生态与环境综合观测、监测、探测、实验和试验研究平台，基本达到国际先进水平。

在节能减排技术、污染控制与修复技术、监测技术等方面解决关键科技问题。

在灾害应急指挥系统构建、风险管理综合信息平台建设、生物多样性保护、脆弱生态系统评价、生态系统管理和复合污染机理研究等领域做出突破性成果。

二、至2030年的目标

建成完善的生态与环境综合观测、监测、探测、实验和试验研究网络，达到国际先进水平。

在重大自然灾害风险调查、风险等级评估技术、污染物的快速诊断技术、生态工厂集成技术、生物多样性保护技术和替代能源/物质等领域取得突破性成果。

探明脆弱生态系统的稳定性机制，参与退化生态系统建设的全球研究活动和国际性退化生态系统建设的外交与谈判。

三、至2050年的目标

建立生态与环境综合观测、监测、探测的仿真预报系统，对环境变化做出预测和预报。

在生态系统完整性保护、环境疾病预报和生态系统的物质循环等方面解决关键科技问题。

基本阐明各类灾害的形成机理和致灾机制。

在获取新能源的技术上取得突破性进展，并能对多学科、多尺度、多变量的复杂系统进行模拟与整合，系统理解环境系统的行为，对全球环境变化和社会经济发展过程做出调控，融生态知识和信息于决策和管理之中，全方位促进生态学最新成果对生态可持续性的科学指导。

四、至2050年的路线图

中国至2050年生态与环境科技发展路线图可以从包括全球气候变化应对、流域环境质量、城市环境质量、生物多样性与生态系统四个方面进行总结。重点围绕在不同时间和空间尺度上认知环境演变规律、发展生态系统修复与污染控制技术、建立生态系统与环境质量演变的立体监测网络、系统布局典型实验示范保育区四个方面，解决核心科学问题，突破关键技术问题，进行系统集成，实现示范推广。具体内容详见图9-1。

图9-1　中国至2050年生态与环境科技发展路线图

第十章

生态与环境科技发展路线图保障体系与实施

一、设立以方法论研究为目标的大型研究计划

针对需要长期、稳定支持的研究领域，设立以方法论为研究目标的重大科学研究计划。通过研究计划，加强顶层设计，统筹部署长期、系统的基本数据获取和基本过程研究，规范观测试验标准，加强国际合作的整体能力，协调相关研究课题，发挥多学科综合交叉优势，争取在国际热点研究领域取得理论突破。

二、建立以问题为导向的跨学科生态与环境基础研究平台

加快支撑系统和平台建设，现代技术的观测、探测、调查、实验与试验研究是地球科学研究发展的依托与支撑，建立以问题为导向的较为完善的中国资源、生态、环境等网络式野外观测实验站，实现对资源、生态环境的长期监测、观测、探测、实验、预警、预测和示范功能，充分利用这些平台，开展高水平的研究工作。

三、以科学发展观为指导，构建2～3个多目标优化的综合试验示范区（城市）

科学发展观是发展中国特色社会主义必须坚持和贯彻的重大战略思想，是我国经济社会发展的重要指导方针，也是新时期新阶段科技工作必须遵循的行动指南。在科学发展观的指导下，要加强对我国未来发展至关重要的战略领域的前瞻部署，合理

配置科技创新资源，构建2～3个多目标优化的综合试验示范区(城市)，从学科领域方向、研究力量区域布局和基础研究、高技术创新与应用开发上，形成支撑我国持续发展需要的科技布局，在“支撑”和“引领”上取得新的突破。

四、成立国家生态与环境立体监测–数据集成–系统模拟三位一体的试点中心

在世界范围内，越来越多的大尺度、长时间序列的环境、社会经济及健康数据可以为人们所获取，这些数据具有复杂性、难以预测性等系统性特征。仅仅通过对系统组成要素的研究难以揭示复杂系统的整体行为。有必要成立国家生态与环境立体监测–数据集成–系统模拟三位一体的试点中心，发展及部署分布式智能传感器网络系统，发展一系列用于科学研究的数字模型，发展有效且适用性强的数学和统计学工具，发展应用于复杂自适应系统研究的新方法，增强不同模型和数据集之间的综合集成能力。

五、联合周边国家建立全球变化亚洲中心

全球整体性的研究思路推动生态与环境研究日益国际化。我们要主动积极地参与国际研究计划，重点组织与开展以我国为主体、与国家需求密切相关、以长期科学计划为中心的国际合作研究，获取相关研究数据资料，使研究区域立足中国、走向世界。联合周边国家，建立全球变化亚洲中心，共同建立联合实验室、野外观测站，拓展研究区域，为保障国家地域安全和环境安全提供决策支持。

参 考 文 献

[1] 中华人民共和国国务院. 国家中长期科学和技术发展规划纲要(2006—2020年)，2006.

[2] 中国科学院资源环境科学与技术局.中国科学院资源环境领域中长期科技发展战略规划，2006.

[3] 中国科学院国家科学图书馆. 欧洲委员会发布环境技术行动计划 2005—2006 年工作报告.科学研究动态监测快报——资源环境科学专辑，2007, 66: 1–6.

[4] Ministry of Research, Science and Technology.New Zealand ROADMAPS for SCIENCE. Environmental Research, 2007.

[5] 中国科学院国家科学图书馆. 韩国发布第二次环保技术开发综合计划(2008—2012年). 科学研究动态监测快报——资源环境科学专辑, 2008, 92: 7–9.

[6] WWF. A Roadmap for a Living Planet. WWF International, Avenue du Mont-Blanc, 1196 Gland, Switzerland, 2008.

[7] 中国科学院国家科学图书馆. 英国自然环境研究委员会(NERC)将启动新一轮主题行动计划. 科学研究动态监测快报——资源环境科学专辑, 2008, 92: 11–12.

[8] The Centre for Ecology & Hydrology, NERC. Integrated Science for Our Changing World: SCIENCE STRATEGY 2008–2013, 2008.

[9] 中国科学院国家科学图书馆.美国长期生态研究网络的战略规划.科学研究动态监测快报——资源环境科学专辑，2008, 72: 1–7.

[10] OECD. Environmental Outlook to 2030. 2008.

[11] 蒋志刚. 物种濒危等级划分与物种保护. 生物学通报, 2000, 35 (8):1–5.

后　记

2007年7月,中国科学院院务会议决定,开展面向2050年的科技发展路线图战略研究。2007年8月,路甬祥院长进一步提出要前瞻研究2050年世界的状况,了解中国面临的机会和挑战;研究至2050年中国经济社会发展的前景和挑战,应达到的目标和实现途径及科学技术需要给予的支持;研究科学发展对科学技术的指导作用;研究科技对科学发展的支撑作用,在此基础上再进一步明确中国科学院的定位和职责。2007年10月11~13日,中国科学院在北京召开了关于重要科技领域发展路线图专题研讨会,会上对至2050年中国重点科技领域的发展路线图作了讨论。其后,中国科学院启动并组织开展了中国至2050年重要领域科技发展路线图战略研究,分18个领域进行并形成研究报告。生态与环境领域是18个领域之一,本研究报告一方面面向未来50年中国社会经济发展的科技需求;另一方面将与中国科学院知识创新工程第四期的科研方向和任务结合起来,形成今后生态与环境科技领域的发展的战略。

经过历时一年多的深入研究,生态与环境领域战略研究组取得了实质性重大进展,基本理清了至2050年中国现代化建设对生态与环境科技领域的战略需求,提出了若干核心科学问题与关键技术问题,从中国国情出发设计了相应的科技发展路线图,形成"中国至2050年生态与环境科技发展路线图"战略研究报告。

本研究报告的鲜明特色是采用了科技路线图的方法。科技路线图研究有别于一般的规划和技术预见,它通过预测未来发展的科学和技术需求,探索实现这些目标所选择的路径,包括环境变化、研究需求、科技发展方向、创新轨迹、技术演进等。以路线图为基础的科技规划，科技目标更加清晰，与市场的结合更加紧密，选择的方向、项目更有内在联系和更加系统，实现目标的途径更加明确，规划的操作性更强。我们借鉴国际上制定路线图的方法，吸纳中国进行科技战略规划的成功经验，在研究实践中形成了制定重要领域科技路线图的系统方法。

本研究报告集中从国家层面考虑问题，分近期(2020年前后)、中期(2030年前后)、长期(2050年前后)三个阶段，描绘生态与环境科技领域的需求、目标、任务、途径，重点刻画核心科学问题和关键技术问题，总体上体现方向性、战略性和一定的可操作性。

本研究报告是在四个层次的交流研讨基础上完成的：第一，集中交流研讨。2007年10月、12月和2008年6月组织了3次交流汇报会，18个领域研究组负责人、主要科技专家和中国科学院相关领导相互交流、相互促进、寻求共识，进一步明确研究方向。路甬祥院长在3次研讨会上，系统阐释了路线图研究的重要性、必要性和可能性等，并对各研究组的研究工作进行点评，有力地促进了研究工作的深入开展。第二，专题研讨。战略总体组组织相关研究组的战略科技专家，围绕中国八大经济社会基础和战略体系的构建进行专题研讨，着重刻画了至2050年依靠科技支撑中国现代化进程的宏观图景、八大体系的特征与目标，提炼出影响中国现代化进程的22个战略性科技问题。第三，研究组层面的交流研讨。通过集中研讨、分小组研究、综合集成等形式，组织本组专家深入研究。初步统计，研究组层面的集中交流研讨约8次。第四，相关研究组之间交流研讨。采取相关研究组自发组织和规划战略局协调组织等方式，组织跨领域、跨研究组的交叉研讨，使相关领域的研究相互协调。

2008年11月，规划战略局组织了重要科技领域发展路线图战略研究评议工作，以陈宜瑜院士为专家组组长的8位评议专家和研究组专家参加研讨。评议专家听取了本研究组的报告，对报告的总体情况、创新点、存在的问题进行了评议，并提出了许多建设性意见和建议，评议结果形成书面评议意见，反馈给本研究组修改。

本研究报告是中国科学院立足当前、展望未来、凝聚专家智慧的报告，在此，我们向参与研究和咨询评议的专家表示衷心的感谢。正是他们的辛勤劳动和共同努力，才使得本研究报告在一年多的时间内就得以公开出版，与读者见面。

准确预见未来发展是一件令人激动而又相当困难的事情。这次战略研究涉及时间跨度大、研究方法新，加之认识和判断本身上的局限性，本研究报告还存在不足之处，欢迎国内外各方面专家、学者不吝赐教。

中国科学院生态与环境领域战略研究组

2009年6月